现代数学基础

25 现代极小曲面讲义

XIANDAI JIXIAO QUMIAN JIANGYI

■ Frederico Xavier · 潮小李

高等教育出版社·北京
HIGHER EDUCATION PRESS BEIJING

图书在版编目（CIP）数据

现代极小曲面讲义 /（巴西）泽维尔 (Xavier,F.), 潮小李编著 . —北京：高等教育出版社，2011.6
ISBN 978-7-04-032281-1

Ⅰ.①现… Ⅱ.①泽… ②潮… Ⅲ.①极小曲面 Ⅳ.① O176.1
中国版本图书馆 CIP 数据核字（2011）第 099910 号

策划编辑	王丽萍	责任编辑	王丽萍	封面设计	张 楠	责任印制	朱学忠

出版发行	高等教育出版社	咨询电话	400-810-0598
社　　址	北京市西城区德外大街4号	网　　址	http://www.hep.edu.cn
邮政编码	100120		http://www.hep.com.cn
印　　刷	涿州市星河印刷有限公司	网上订购	http://www.landraco.com
开　　本	787×1092　1/16		http://www.landraco.com.cn
印　　张	10.5	版　　次	2011年6月第1版
字　　数	140 000	印　　次	2011年6月第1次印刷
购书热线	010-58581118	定　　价	32.00元

本书如有缺页、倒页、脱页等质量问题，请到所购图书销售部门联系调换
版权所有　侵权必究
物 料 号　32281-00

中文序言

极小曲面广泛存在于自然界当中, 很多问题也源于自然界, 这就促使我们更好地去了解极小曲面的性质, 所以极小曲面理论是近年来发展较快的一个数学分支. 极小曲面是平均曲率处处为零的曲面, 局部地, 可视为某平面区域上的图, 它是所有具有相同边界的曲面当中面积最小的曲面, 可以利用由闭曲线张成的肥皂膜来物理实现.

1744 年, Euler 开始寻找具有极小面积的旋转曲面并证明了悬链面具有这种性质, 大约 11 年后, Lagrange 和 Euler 开始寻找平面上某区域上给定边界值的极小图 (面积泛函的临界点), 并给出了解所满足的 Euler-Lagrange 方程 (二阶拟线性椭圆型偏微分方程), 但没有给出任何新的解, 原因是他们当时不太关心具体的例子, 而是致力于说明他们的方法 (变分方法) 的一般性. 1776 年, Meusnier 得到了新的解——螺旋面, 同样重要的是, 他给出了 Euler-Lagrange 方程的几何描述, 即利用主曲率的平均值 (即平均曲率) 消失来刻画. 随后, G. Monge, A. Legendre, S. -F. Lacroix 和 A. -M. Ampère 等人开始积分 Euler-Lagrange 方程, 得到用解析函数表示的极小曲面的坐标满足的一些公式, 1816 年, J. -D. Gergonne 提出的一系列问题又引起数学家们再次关注极小曲面. 1831–1835 年, H. F. Scherk 利用 Monge-Legendre 表示公式和一些允许变量可以分离的假设, 给出了另外 5 个极小曲面; 1850 年, M. Roberts 利用与 Scherk 类似的方法又得到一些新的例子. 这以后, 更多的发现涌现了, 是极小曲面理论的第一个黄金时代 (约 1855–1890年), 代表性人物有: E. Catalan, O. Bonnet, J. A. Serret, B. Riemann, K. Weierstrass, A. Enneper, H. A. Schwarz, J. Weingarten, E. Beltrami, A. Ribaucour, E. R. Neovius, G. Darboux, L. Bianchi, S. Lie, A. Schoenflies 等. 第二个黄金时代大约是 1930–1940 年, 这期间出现了许多可与以前媲美的开创性工作, 代表性人物有: R. Courant, J. Douglas, E. J. McShane, C. B. Morrey, M. Morse, T. Rado, M. Shiffman, C. Tompkins, L. Tonelli 等. 在这个时期的伟大工作中, Jesse Douglas 凭借着他对 Plateau 问题[1]的工作获得了第一届 (1936 年) 的 Fields 奖 (当年, 另一个 Fields 奖获得者是 Lars V. Ahlfors, 获奖工作是其对复分析和 Nevanlinna 理论的贡献).

很多数学家相信, 从 20 世纪 80 年代早期开始, 我们已经步入了极小曲面发展的第三个黄金时代. 很多新的嵌入极小曲面的例子在计算机的帮助下被找到, 这使我们能够对那些有趣的极小曲面有更直观的认识. 在这期间, 几何测度论, 共形几何, 泛函分析, 可积系统和其他的数学分支都给极小曲面理论提供了新方法, 带来了新的技术, 产生了新的结论, 与此同时, 极小曲面理论的发展也推动了这些学科的进步. 极小子流形在更加一般的几何模型中被研究, 而且部分结论极大地推动了一些著名数学问题的发展, 例如数学物理中的正质量猜想 (Schoen, Yau) 和 Penrose 猜想 (Bray), Smith 猜想 (Meeks, Yau) 和 Poincaré 猜想 (Colding, Minicozzi).

---

[1] 这个问题最简单的提法是说对于 $\mathbb{R}^3$ 上的任何光滑 Jordan 闭曲线, 是否存在以该闭曲线为边界且面积极小的曲面, 这是由比利时物理学家 J. Plateau (1801–1883) 在 1870 年提出的.

中文序言

极小曲面也许是微分几何中研究最多的曲面, 其理论已经发展成为微分几何的一个内容十分丰富的分支, 其中一些有趣和著名的问题一直是人们研究的对象. 极小曲面和其他漂亮的理论一样具有迷人的性质: 它的结论易于见到和想象, 却难以证明.

本书主要是强调用复分析的方法来讨论极小曲面, 重点讨论了浸入极小曲面的 Gauss 映射 (第三章) 以及 Calabi 猜想 (第四章), 同时在第五章说明了 Calabi 猜想成立的一个充分条件 (即曲率有界), 并讨论了具有有界曲率的嵌入极小曲面的特征. 关于嵌入的单连通极小曲面的新结果均不是利用极小曲面和复分析之间的经典联系来处理的, 而这种联系曾被成功地用于极小曲面的其他一些基本问题的研究. 如果能从复分析的角度来理解 Colding 和 Minicozzi 的理论, 那我们就可以更好地揭示嵌入极小圆盘. 为此, 我们在第六章给出 Catalan 定理的复分析证明, 这是我们利用经典的工具来认识嵌入极小圆盘的第一步. 同时, 有很多迹象表明, 单值函数理论中的另一个强有力的工具——Lowner 理论——也很有希望拿来考虑共形调和嵌入, 期待以后能有所突破. 第七章提出了我们比较关心且与复分析相关的一些问题和想法. 另外, 我们在附录中也介绍了近年来 Colding 和 Minicozzi 发展起来的一些新理论和方法, 这些是对本书的重要补充.

本书的主要内容曾经在 2005 年由南京大学主办的暑期班上由 Xavier 教授报告过, 后来经过不断的补充和完善才完成. 这期间, 作者得到了很多朋友的关心和支持, 尤其是美国圣母大学的曹建国教授长期以来给予了热情帮助和鼓励, 在此一并致谢.

鉴于水平有限, 出现错误在所难免, 作者热忱欢迎广大同行和读者提供宝贵意见. 也希望本书能帮助大家初步了解极小曲面.

Frederico Xavier, 潮小李

2010 年 6 月于美国圣母大学

英文序言

This book is primarily based on a course of ten lectures taught by Prof. F. Xavier at the Nanjing University in the summer of 2005, on the interaction between minimal surfaces and classical complex analysis. The original set of notes was greatly enhanced by Prof. Chao, who added new material, most notably a short introduction to the Colding-Minicozzi theory. Both authors are indebted to Prof. F. Fontenele for allowing the inclusion in this book of his previously unpublished joint work with Xavier. Finally, F. Xavier would like to record his gratitude to the students who attended the course, as well as to the Mathematics Department at the Nanjing University, for their warm support and hospitality.

Frederico Xavier

Xiaoli Chao

June, 2010

目 录

中文序言 · iii

英文序言 · vii

第一章　基本知识· 1

　§1.1　曲线的曲率· 1

　§1.2　曲面的曲率· 4

第二章　极小曲面的 Weierstrass 表示 · · · · · · · · · · · · · · · · · · 11

　§2.1　等温坐标· 11

　§2.2　Weierstrass 表示 · 17

第三章　完备性与极小曲面的 Gauss 映射 · · · · · · · · · · · · · · · 25

　§3.1　完备极小曲面· 25

　§3.2　完备极小曲面的 Gauss 映射· · · · · · · · · · · · · · · · · · · 29

第四章　Calabi 猜想 · 45

§4.1　Runge 逼近定理 · 45

§4.2　Calabi 猜想 · 52

§4.3　Calabi 猜想的最新进展 · · · · · · · · · · · · · · · · 59

第五章　Poisson 积分及其在极小曲面理论中的应用 · · · · · · · 63

§5.1　Poisson 积分 · 63

§5.2　Poisson 积分的边界行为 · · · · · · · · · · · · · · · 70

§5.3　Riesz 定理 · 73

§5.4　局部 Fatou 定理和 Privalov 唯一性定理 · · · 77

§5.5　调和共轭的边界行为 · · · · · · · · · · · · · · · · · · 85

§5.6　极小曲面的凸包 · 87

§5.7　具有有界曲率的嵌入极小曲面 · · · · · · · · · · 90

第六章　Catalan 定理的复分析证明 · · · · · · · · · · · · · · · · · · · 99

§6.1　基本知识 · 100

§6.2　极小曲面的渐近线 · 102

§6.3　一类螺旋面 · 109

§6.4　Catalan 定理的证明 · · · · · · · · · · · · · · · · · · · 111

第七章　未解决的问题 · 115

附录 A　螺旋面的唯一性 · 119

附录 B　极小曲面理论在 Poincaré 猜想证明中的应用 · · · · · 129

§B.1　宽度和有限消失定理 · · · · · · · · · · · · · · · · · · 130

§B.2　能量减少映射 · 135

参考文献 **143**

名词索引 **149**

第一章 基本知识

§1.1 曲线的曲率

设 $C\colon \gamma = \gamma(s)$ 是 $\mathbb{R}^2$ 中的一条曲线，其中 s 是曲线的弧长参数，令 $\alpha(s) = \gamma'(s)$ 是曲线 C 的单位切向量场，用 $\Delta\theta$ 来表示向量 $\alpha(s+\Delta s)$ 与 $\alpha(s)$ 之间的夹角，如果极限

$$\lim_{\Delta s \to 0} \frac{\Delta\theta}{\Delta s}$$

存在，则称其为曲线 C 在 $p = \gamma(s)$ 点处的 **曲率**，记为 $k(p)$. 曲率是曲线在某点附近偏离直线的程度，曲率越大，偏离的程度就越大.

例 1.1. (1) 如果 γ 是直线，则 $\Delta\theta \equiv 0$，所以 $k \equiv 0$.

(2) 如果 γ 是半径为 R 的圆，则 $\Delta s = R\Delta\theta$，所以 $k \equiv 1/R$.

定理 1.1. 设 γ 是 C^2 的正规曲线 (即 $\gamma'(t) \neq 0, \forall\, t$)，则其在每点处的曲率都存在，而且

$$k = \frac{|\gamma' \times \gamma''|}{|\gamma'|^3}.$$

证明: 首先设 $\gamma = \gamma(s)$ 是以弧长为参数的曲线，$\alpha(s+\Delta s)$ 与 $\alpha(s)$ 之间

的夹角为 $\Delta\theta$, 因为 $|\alpha(s)| = |\alpha(s+\Delta s)| = 1$, 所以 $2\sin\frac{\Delta\theta}{2} = |\alpha(s+\Delta s) - \alpha(s)|$, 于是

$$\lim_{\Delta s \to 0} \frac{\Delta\theta}{\Delta s} = \lim_{\Delta s \to 0} \frac{\Delta\theta}{2\sin\frac{\Delta\theta}{2}} \cdot \lim_{\Delta s \to 0} \frac{|\alpha(s+\Delta s) - \alpha(s)|}{\Delta s} = |\alpha'(s)| = |\gamma''(s)|.$$

即曲线 γ 在 $\gamma(s)$ 处的曲率存在, 且 $k = |\gamma''(s)|$. 又 $\gamma = \gamma(t)$ 是正规的参数曲线, 故

$$\gamma'_s = \gamma'_t \frac{dt}{ds} = \gamma'_t \frac{1}{|\gamma'_t|},$$

$$\gamma''_{ss} = \gamma''_{tt}\left(\frac{dt}{ds}\right)^2 + \gamma'_t \frac{d^2 t}{ds^2} = \frac{\gamma''_{tt}}{|\gamma'_t|^2} - \gamma'_t \frac{\langle \gamma''_{tt}, \gamma'_t \rangle}{|\gamma'_t|^4},$$

且

$$k^2 = |\gamma''(s)|^2 = \frac{\langle \gamma''_{tt}, \gamma''_{tt} \rangle}{|\gamma'_t|^4} - 2\frac{\langle \gamma''_{tt}, \gamma'_t \rangle^2}{|\gamma'_t|^6} + \frac{\langle \gamma''_{tt}, \gamma'_t \rangle^2}{|\gamma'_t|^6} = \frac{|\gamma'_t \times \gamma''_{tt}|^2}{|\gamma'_t|^6},$$

即

$$k = \frac{|\gamma'_t \times \gamma''_{tt}|}{|\gamma'_t|^3}. \qquad \Box$$

注 1.1. 上式的几何意义: 在曲线上某点处, 如果曲率不为零, 则 γ'_t 与 γ''_{tt} 不共线, 反之亦然; 且与曲线参数的选取无关.

对于平面曲线, 我们还可以定义曲率的正负号如下: 设 $\gamma = \gamma(s)$ 是一条平面曲线, 如果 $k(p) \neq 0$, 则曲线局部地落在 p 点处的切线的一侧, 故可将 $\alpha(s)$ 沿逆时针方向旋转 $\pi/2$ 得到唯一的一个与 $\alpha(s)$ 正交的单位向量场 $\beta(s)$, 这样, 沿 $\gamma(s)$ 就建立了一个右手单位正交标架场 $\{\gamma(s); \alpha(s), \beta(s)\}$. 若 $\beta(s)$ 正好指向曲线弯曲的一侧, 则取 $k(p) > 0$; 若 $-\beta(s)$ 正好指向曲线弯曲的一侧, 则取 $k(p) < 0$. 于是我们知道平面上闭的凸曲线在每点处就有非负的曲率.

若平面曲线表示为 $y = f(x)$, 选取自然定向 (即变量 x 增加的方向), 则曲率 k 与 $f''(x)$ 的符号一致, 且 $k = f''/(1+f'^2)^{3/2}$; 如果曲线是以弧长为参数的, 则 $k = d\gamma/ds$. 如果曲线上某点处的曲率不为零, 则称 $1/|k|$ 为该点处的曲率半径, 记为 R; 如果曲率在某点处为零, 则该点处的曲率半径为 ∞, 所以也有 $R = 1/|k|$.

我们也可以从变分的角度来理解平面曲线的曲率. 设

$$C_\varepsilon\colon p_\varepsilon = p + \varepsilon f(p)\beta(p), \quad p \in C,$$

其中 $f\colon C \to \mathbb{R}$ 是任意光滑函数, C_ε 称为 C 的**平行曲线**. 当 $|\varepsilon|$ 很小时, C_ε 也是光滑的, 设 $L(\varepsilon)$ 是 C_ε 的长度, 则有

$$L'(0) = -\int_C kf ds, \quad -k(p) = \lim_{C \to p} \frac{L'(0)}{\Delta s}.$$

另外, 平面曲线是由其曲率唯一决定的, 即

定理 1.2. 设 $h(s) \in C^1[a,b]$, 则 (在相差一个刚性运动下) 存在唯一的曲线 γ, 使得 $h(s)$ 是 γ 的曲率函数, 且 s 是曲线 γ 的弧长参数.

证明: 令

$$\alpha(s) = \alpha_0 + \int_0^s h(s)ds,$$

$$x(s) = x_0 + \int_0^s \cos\alpha(s)ds, \quad y(s) = y_0 + \int_0^s \sin\alpha(s)ds,$$

则 $x(s)$, $y(s)$ 和 $\alpha(s)$ 满足

$$\frac{dx}{ds} = \cos\alpha(s), \quad \frac{dy}{ds} = \sin\alpha(s), \quad \frac{d\alpha}{ds} = h(s).$$

令 $\gamma(s) = (x(s), y(s))$, 则

$$l = \int_a^s \sqrt{x'^2 + y'^2}\, ds = \int_a^s ds = s - a,$$

即 γ 是以弧长为参数的, 而且

$$|k(s)| = |\sqrt{(x'')^2 + (y'')^2}| = \sqrt{|\alpha'|^2} = \left|\frac{d\alpha}{ds}\right| = |h(s)|,$$

于是 $k(s) = \frac{d\alpha}{ds} = h(s)$. 如果两条曲线有相同的曲率, 则这两条曲线相差一个刚性运动 (因为作一个平移和旋转后, 它们的坐标函数满足相同初值的微分方程). □

§1.2 曲面的曲率

用 $\langle \cdot, \cdot \rangle$ 来表示 $\mathbb{R}^3$ 中标准的数量积, $\mathbb{R}^3$ 中的曲面 Σ 是由光滑映射 $X \colon \Omega(\subset \mathbb{R}^2) \to \mathbb{R}^3$ 给出的, 若映射的微分在每个点处的秩都是 2, 则称曲面 Σ 是正规的.

在正规点 (u,v) 处, 由于

$$\mathscr{W} \equiv |X_u \wedge X_v| = \sqrt{|X_u|^2 |X_v|^2 - \langle X_u, X_v \rangle^2} \neq 0,$$

所以在点 (u,v) 处的单位法向量可以定义为

$$N = \frac{1}{\mathscr{W}} X_u \wedge X_v.$$

如果法向量可以定义在整个平面上, 则称这个正规曲面是可定向的, 这样的 N 就称为曲面的一个定向.

由于 $|N| = 1$, 我们可以将 N 视为 Ω 到 $\mathbb{R}^3$ 中单位球的映射:

$$N \colon \Omega \to S^2 \subset \mathbb{R}^3,$$

称其为曲面 Σ 的 Gauss 映射(或法映射、球面映射), $N(\Omega)$ 是曲面 Σ 的球面像.

命题 1.1. 高斯映射的切映射是自伴随的线性映射.

证明: 由于 dN 是线性的, 所以我们只需证明

$$\langle dN_p(w_1), w_2 \rangle = \langle w_1, dN_p(w_2) \rangle, \quad \forall\, p \in \Sigma,$$

其中 w_1, w_2 是 $T_p\Sigma$ 的一组基. 设 $X(u,v)$ 是曲面 Σ 在 p 处的参数化, X_u, X_v 是 $T_p\Sigma$ 的一组基, $\alpha(t) = X(u(t), v(t))$ 是曲面上经过 $p = \alpha(0)$ 的曲线, 则

$$\begin{aligned} dN_p(\alpha'(0)) &= dN_p(X_u u'(0) + X_v v'(0)) \\ &= \frac{d}{dt} N(u(t), v(t))|_{t=0} \\ &= N_u u'(0) + N_v v'(0). \end{aligned}$$

于是得

$$dN_p(X_u) = N_u, \quad dN_p(X_v) = N_v.$$

分别对 $\langle N, X_u \rangle = 0$ 和 $\langle N, X_v \rangle = 0$ 关于 v 和 u 求导, 得

$$\langle N_v, X_u \rangle + \langle N, X_{uv} \rangle = 0,$$
$$\langle N_u, X_v \rangle + \langle N, X_{uv} \rangle = 0.$$

所以

$$\langle dN_p(X_u), X_v \rangle = \langle N_u, X_v \rangle = -\langle N, X_{uv} \rangle = \langle N_v, X_u \rangle = \langle X_u, dN_p(X_v) \rangle,$$

即 dN_p 是伴随的. □

曲面 Σ 的面积定义为

$$A(X) = \int_\Sigma dA = \int_\Omega \mathscr{W} du dv,$$

其中 $dA = \mathscr{W} du dv = |X_u \wedge X_v| du dv$ 称为 Σ 的面积元.

如何来讨论 $\mathbb{R}^3$ 中的曲面在 $\mathbb{R}^3$ 中的弯曲程度呢? 一个比较好的办法就是看曲面的法向量 N 是如何改变的, 即法向量沿每个方向的变化程度, 于是我们引入曲面的形状算子: 设 Σ 是 $\mathbb{R}^3$ 中的浸入曲面, N 是曲面 Σ 的单位法向量, $\forall p \in \Sigma, \forall v \in T_p\Sigma$, 定义 $S(v) = -D_v N$, 则称线性算子 S 为曲面 Σ 的形状算子, 它刻画了曲面在一点处沿每个给定方向的弯曲程度. 如果 Σ 是平面, 则 $S \equiv 0$. 如果 Σ 是可定向的浸入曲面, 在曲面上的每一点处, 单位法向量就有两种选择: N 和 $-N$, 则相应的形状算子就相差一个负号. 如果曲面是不可定向的, 则 N 不能连续地定义在整个曲面上, 但局部地还是可以定义的, 因为 $\forall q \in \Sigma$, 总存在 q 点的邻域 U_q, 使得 $X: U_q \to \mathbb{R}^3$ 是浸入, 所以形状算子就可以定义在 U_q 上. 另外, 由定义可得

$$S(X_u) = -N_u, \quad S(X_v) = -N_v.$$

尽管形状算子可以刻画曲面在不同方向上的弯曲程度, 但我们还是希望能有一个实值的函数来刻画, 那就是曲面的法曲率. 设 Σ 是定向曲面, N 是 Σ 的法向量, v 是 Σ 的一个单位切向量, 令 $P_v = \mathrm{span}\{v, N\}$ 是一个法截面, 则 $C_v = P_v \cap \Sigma$ 是一平面曲线, 设其曲率为 $k_v\ (= S(v) \cdot v)$, 称 $R_v \equiv \pm |k_v|$ 为曲面 Σ 关于方向 v 的 **法曲率**. 当 N 指向曲面的凹侧 (即曲面朝法向 N 弯曲) 时, 取 $R_v > 0$, 否则取 $R_v < 0$. 如果 $k_v = 0$, 则称 v 是渐近方向, 如果曲面上的正规连通曲线其上每一点的切方向都是渐近方向, 则称其为曲面的渐近曲线.

例 1.2. 对任意的单位切向量, 球面 $S^2(r)$ 的法曲率为 $-1/r$.

定义 1.1. 称 $k_1 = \max_{|v|=1} k_v$ 和 $k_2 = \min_{|v|=1} k_v$ 为曲面 Σ 的 **主曲率**, 称 $K = k_1 k_2$, $H = (k_1 + k_2)/2$ 分别为曲面 Σ 的 **Gauss 曲率** 和 **平均曲率**.

取到主曲率的方向称为 **主方向**, 相应的法截面称为 **主法截面**. 由定义可知, 若法截面与某主法截面 (即相对于主曲率 k_1 的法截面) 的夹角为 φ, 则 $k_v = k_1 \cos^2 \varphi + k_2 \sin^2 \varphi$. 另外, 对于平均曲率和 Gauss 曲率总有 $H^2 - K \geqslant 0$, 曲面上满足 $H^2 - K = 0$ 即 $k_1 = k_2$ 的点称为 **脐点**.

设 $N \colon \Sigma \to S^2$ 是 Gauss 映射, $p \in D \subset \Sigma$, 则

$$K(p) = \pm \lim_{D \to p} \frac{N(D)\text{的面积}}{D\text{的面积}}$$

(因为 $N_u \wedge N_v = K(X_u \wedge X_v)$), 当 N 保持 ∂D 的定向时取正号 (图 1.2.1).

设 Σ 的变分是 $\Sigma_t \colon p_t = p + tf(p)N(p)$, $p \in \Sigma$, 当 $|t|$ 很小时, Σ_t 也是光滑的, 设 $A(t)$ 为 Σ_t 的面积, 则

$$A'(0) = -2 \int_\Sigma Hf\, dA. \tag{1.2.1}$$

问题 (Lagrange, 1760): 给定 $\mathbb{R}^3$ 中的光滑闭曲线 C, 是否存在以 C 为边界且面积最小的曲面 Σ?

由 (1.2.1) 易知, 该问题的任意解均满足 $H \equiv 0$. 事实上, 若 Σ 是上述

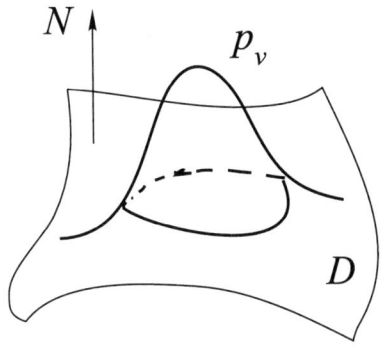

图 1.2.1

问题的解, 则对任意的 f 和任意小的 t, 有

$$A(\Sigma_t) \geqslant A(\Sigma) \Longrightarrow \frac{d}{dt}A(\Sigma_t)\big|_{t=0} = 0$$
$$\Longrightarrow \int_\Sigma HfdA = 0$$
$$\Longrightarrow H \equiv 0.$$

在最后一步中, 若在某邻域 U 上 $H > 0$, 取 $f \geqslant 0$ 使得: $f > 0$, 在 $V \subset U$ 上; $f = 0$, 在 $\Sigma \backslash U$ 上, 则得 $\int_\Sigma HfdA > 0$, 矛盾.

定义 1.2. $\mathbb{R}^3$ 中平均曲率 $H \equiv 0$ 的曲面称为 **极小曲面**.

于是我们得到

命题 1.2. 具有相同边界的所有曲面中面积最小的曲面一定是极小曲面.

$\mathbb{R}^3$ 中极小曲面的例子:

1. 平面 (Lagrange, 1760).

2. 两个极小图 $z = f(x,y)$ (Meusnier, 1776):

(1) 悬链面 (图 1.2.2 (a)): 由 yz 坐标面上的曲线 $y = a\cosh\frac{z}{a}$ $(a > 0)$ 绕 z 轴旋转得到, 其参数表示为

$$X(u,v) = a(\cosh u \cos v, \cosh u \sin v, u), \quad u \in \mathbb{R}, v \in [0, 2\pi).$$

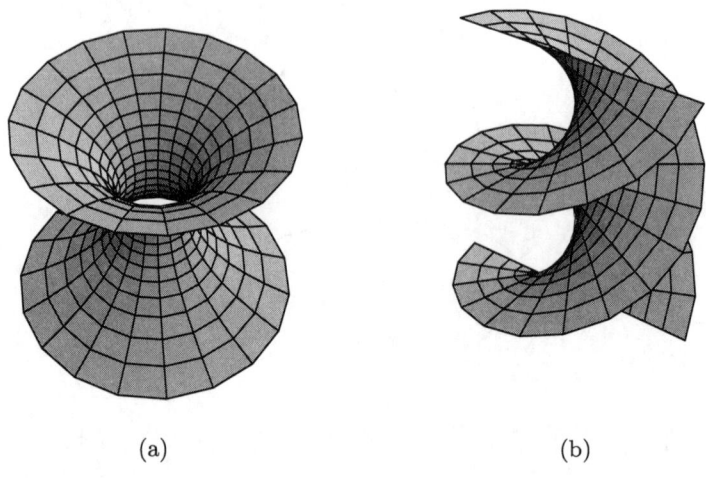

图 1.2.2 (a) 悬链面和 (b) 螺旋面

(2) **螺旋面** (图 1.2.2 (b)): $z = \arctan \frac{y}{x}$, 其参数表示为

$$X(u,v) = (\sinh u \cos v, \sinh u \sin v, v), \quad u,v \in \mathbb{R}.$$

3. Scherk 曲面 (1835, 图 1.2.3 (a)):

$$z = f(x,y) = \log \frac{\cos x}{\cos y}, \quad x,y \in (-\pi/2, \pi/2).$$

4. Enneper 曲面 (1864, 图 1.2.3 (b)):

$$X(u,v) = (u(3+3v^2-u^2), -v(3+3u^2-v^2), 3(u^2-v^2)).$$

5. Henneberg 极小曲面 (图 1.2.4 (a)):

$$X(u,v) = \Big(2\sinh u \cos v - \frac{2}{3}\sinh 3u \cos 3v,$$
$$-2\sinh u \sin v - \frac{2}{3}\sinh 3u \sin 3v, 2\cosh 2u \cos 2v\Big).$$

6. Catalan 极小曲面 (图 1.2.4 (b)):

$$X(u,v) = \Big(u - \sin u \cosh v, \ 1 - \cos u \cosh v, \ -4\sin \frac{u}{2} \sinh \frac{v}{2}\Big).$$

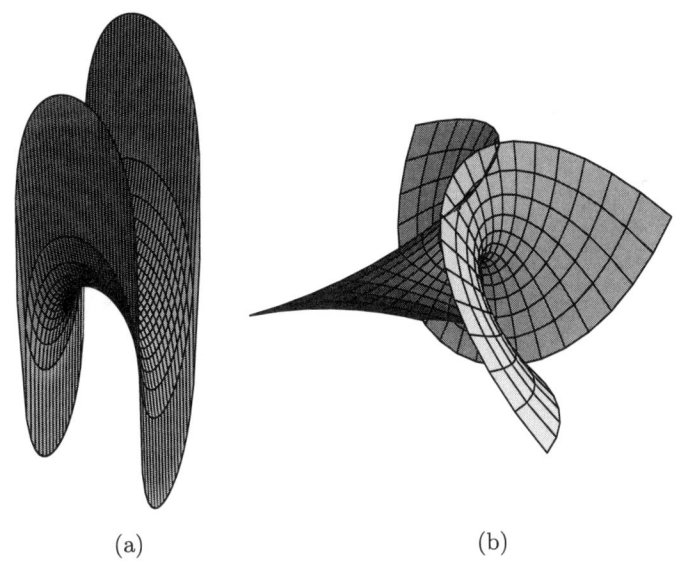

图 1.2.3 (a) Scherk 曲面和 (b) Enneper 曲面

定理 1.3. (Catalan, 1842) $\mathbb{R}^3$ 中直纹的极小曲面只有平面和螺旋面.

定理的复分析证明见第六章.

极小图和 Scherk 曲面的定义域均不是整个平面, 因为

定理 1.4. (Bernstein, 1916) 定义在整个平面上的极小曲面一定是平面.

证明见 [60, §5].

定理 1.5. (Bonnet, 1860) ([4] 或 [55, p. 68]) $\mathbb{R}^3$ 中非平坦的旋转极小曲面只有悬链面.

证明: 设以 x_3 轴为旋转轴的旋转曲面的参数表示为

$$\{X(u,v) = (f(u)\cos v, f(u)\sin v, g(u)) : u_1 < u < u_2, 0 \leqslant v \leqslant 2\pi\},$$

其中 $f(u)$, $g(u)$ 是二次连续可微函数. 因为曲面是极小的, 所以有下面的微分方程:

$$(f'^2 + g'^2)f^2 g' + f^3(f'g'' - f''g') = 0. \tag{1.2.2}$$

又 $|X_u \times X_v| = f^2(f'^2 + g'^2) \neq 0$, 所以在 $g' = 0$ 的点附近, $ff' \neq 0$, 这样,

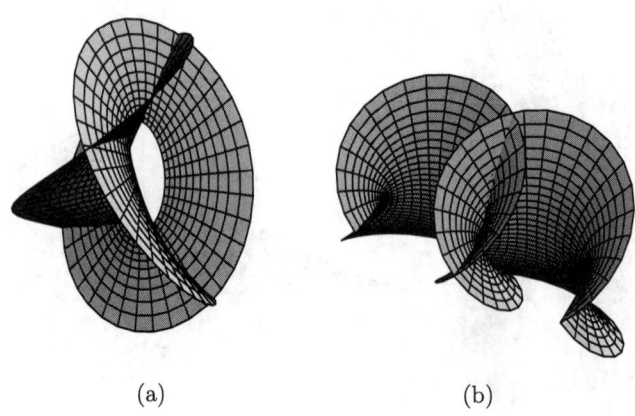

图 1.2.4 (a) Henneberg 极小曲面和 (b) Catalan 极小曲面

(1.2.2) 又可表示为 $g''(u) = F(u)g'(u)$ 的形式, 由于 $g' \not\equiv 0$ (否则曲面为平面), 我们可以视 f 为 g 的函数, 则上面的微分方程为

$$(1 + \dot{f}^2) - f\ddot{f} = 0, \tag{1.2.3}$$

其中 $\dot{f}$ 表示 f 关于 g 的导数. 将 (1.2.3) 变形为

$$\frac{2\dot{f}\ddot{f}}{1 + \dot{f}^2} = \frac{2\dot{f}}{f},$$

两边积分得

$$\log(1 + \dot{f}^2) = \log f^2 + \log k^2 = \log(kf)^2,$$

其中 k 为常数. 于是有

$$1 + \dot{f}^2 = (kf)^2,$$
$$\frac{k\dot{f}}{\sqrt{(kf)^2 - 1}} = k.$$

两边积分得

$$\cosh^{-1}(kf) = kg + c,$$

所以方程 (1.2.3) 的解形为 $f = a\cosh((g-b)/a)$, 此时曲面为悬链面

$$\sqrt{x^2 + y^2} = a\cosh\frac{z-b}{a}. \qquad \square$$

第二章 极小曲面的 Weierstrass 表示

§2.1 等温坐标

设 $U \subset \mathbb{R}^2$，其上的坐标为 (u_1, u_2)，$X \colon U \to \mathbb{R}^3$ 为一浸入曲面 M. 令

$$X_{u_i} = \frac{\partial X}{\partial u_i}, \quad g_{ij} = \langle X_{u_i}, X_{u_j} \rangle,$$
$$N = \frac{X_{u_1} \times X_{u_2}}{|X_{u_1} \times X_{u_2}|}, \quad b_{ij} = \langle X_{u_i u_j}, N \rangle.$$

称 $N \colon M \to S^2$, $p \to N(p)$ 为 Gauss 映射. 通过简单计算可以得到

命题 2.1.
$$K = \frac{\det(b_{ij})}{\det(g_{ij})}, \quad H = \frac{g_{22}b_{11} + g_{11}b_{22} - 2g_{12}b_{12}}{2\det(g_{ij})}.$$

证明: 设

$$dN_p(X_{u_1}, X_{u_2}) = (X_{u_1}, X_{u_2}) \begin{pmatrix} a_{11} & a_{12} \\ a_{21} & a_{22} \end{pmatrix}.$$

由 $N_{u_1} = a_{11} X_{u_1} + a_{21} X_{u_2}$，得

$$\langle N_{u_1}, X_{u_1} \rangle = a_{11} g_{11} + a_{21} g_{12};$$

另一方面,
$$\langle N_{u_1}, X_{u_1}\rangle = -\langle N, X_{u_1 u_1}\rangle = -b_{11},$$
所以得
$$-b_{11} = a_{11}g_{11} + a_{21}g_{12}.$$
同理可得相似的等式. 于是
$$-(b_{ij}) = (a_{ij})(g_{ij}).$$
从而得
$$K = \det(a_{ij}) = \frac{\det(b_{ij})}{\det(g_{ij})}.$$
由
$$(a_{ij}) = \frac{1}{\det(g_{ij})}\begin{pmatrix} g_{12}b_{12} - g_{22}b_{11} & g_{12}b_{22} - g_{22}b_{12} \\ g_{12}b_{11} - g_{11}b_{12} & g_{12}b_{12} - g_{11}b_{22}\end{pmatrix},$$
得
$$H = \frac{1}{2}(k_1 + k_2) = -\frac{1}{2}(a_{11} + a_{22}) = \frac{g_{22}b_{11} + g_{11}b_{22} - 2g_{12}b_{12}}{2\det(g_{ij})}. \qquad \square$$

注 2.1. 主曲率 k_i 满足 $k_i^2 - 2Hk_i + K = 0$, 所以 $k_i = H \pm \sqrt{H^2 - K}$.

在研究曲面的那些与参数选取无关的性质时, 若采用一种能把曲面的几何性质反映到参数平面的参数表示的方式, 那就非常方便了. 特别地, 当映射 X 是共形 (即曲面上曲线间的夹角等于参数平面上对应曲线之间的夹角) 时, 有 $\left|\frac{\partial X}{\partial u_1}\right| = \left|\frac{\partial X}{\partial u_2}\right|$, $\langle X_{u_1}, X_{u_2}\rangle = 0$, 即 $g_{11} = g_{22} := \lambda^2 > 0$, $g_{12} = 0$, 此时称 (u_1, u_2) 为 **等温坐标**, 称复坐标 $w = u_1 + iu_2$ 为 **共形坐标**. 若采用等温坐标, 曲面论中的许多基本量的表示就简单了, 如:
$$\det(g_{ij}) = \lambda^4, \quad H = \frac{b_{11} + b_{22}}{2\lambda^2}.$$

定理 2.1. (等温坐标的存在性定理) 设 Σ 是 $\mathbb{R}^3$ 中的正规极小曲面, 则 $\forall p \in \Sigma$, 存在等温参数表示 $X: U \to \Sigma$, $p \in X(U)$, 即
$$|X_u|^2 = |X_v|^2, \quad \langle X_u, X_v\rangle = 0.$$

证明: 由于 Σ 是正规的, $\forall\, p \in \Sigma$, 存在 p 点的邻域, 曲面可以表示为 $T_p\Sigma$ 上的图 $z = f(x, y)$, 令

$$p = f_x, \quad q = f_y, \quad W = \sqrt{1 + p^2 + q^2}.$$

由极小曲面方程

$$(1 + f_y^2)f_{xx} - 2f_x f_y f_{xy} + (1 + f_x^2)f_{yy} = 0$$

得

$$\left(\frac{1 + f_x^2}{W}\right)_y - \left(\frac{f_x f_y}{W}\right)_x = -\frac{f_y}{W}[(1 + f_y^2)f_{xx} - 2f_x f_y f_{xy} + (1 + f_x^2)f_{yy}] = 0,$$

$$\left(\frac{1 + f_y^2}{W}\right)_x - \left(\frac{f_x f_y}{W}\right)_y = -\frac{f_x}{W}[(1 + f_y^2)f_{xx} - 2f_x f_y f_{xy} + (1 + f_x^2)f_{yy}] = 0,$$

即

$$\left(\frac{1 + p^2}{W}\right)_y = \left(\frac{pq}{W}\right)_x, \quad \left(\frac{1 + q^2}{W}\right)_x = \left(\frac{pq}{W}\right)_y.$$

于是在 $T_p\Sigma$ 的一个小的单连通区域上, 存在函数 $F(x, y)$ 和 $G(x, y)$, 使得

$$F_x = \frac{1 + p^2}{W}, \quad F_y = \frac{pq}{W}, \quad G_x = \frac{pq}{W}, \quad G_y = \frac{1 + q^2}{W}.$$

令 $u = x + F(x, y),\ v = y + G(x, y)$, 由于其 Jacobi 矩阵

$$J = \frac{\partial(u, v)}{\partial(x, y)} = \frac{(1 + W)^2}{W} > 0,$$

所以变换 $(x, y) \to (u, v)$ 有局部的逆 $(u, v) \to (x, y)$. 利用坐标 (u, v), Σ 可表示为

$$X(u, v) = (x(u, v), y(u, v), f(x(u, v), y(u, v))).$$

直接计算得

$$|X_u|^2 = |X_v|^2 = \frac{W^2}{(1 + W)^2}, \quad \langle X_u, X_v \rangle = 0.$$

即 (u, v) 是等温坐标. $\qquad\square$

例 2.1. 单位球面 S^2 上的地理坐标 (u,v) (即经纬度) 不是等温坐标, 因为

$$ds^2 = du^2 + \cos^2 u \, dv^2.$$

为了构造等温坐标, 我们保持经度不变, 改变纬度, 即

$$\begin{cases} u_1 = \log\tan\left(\dfrac{u}{2} + \dfrac{\pi}{4}\right), \\ v = v. \end{cases}$$

利用坐标 (u_1, v), 球面的第一基本形式为

$$ds^2 = \frac{1}{\cosh^2 u_1}(du_1^2 + dv^2).$$

另外, 坐标

$$x = e^u \cos v, \quad y = e^u \sin v$$

也是球面上的等温坐标, 因为

$$ds^2 = \frac{4}{(1+x^2+y^2)^2}(dx^2 + dy^2).$$

(注意此时 $x + iy = e^{u+iv}$.)

例 2.2. 球极投影的逆是一类重要的共形参数化的例子. 定义 $\sigma^{-1}: \mathbb{C} \to S^2$ 为

$$\sigma^{-1}(z) = \left(\frac{2\operatorname{Re} z}{1+|z|^2}, \frac{2\operatorname{Im} z}{1+|z|^2}, 1 - \frac{2}{1+|z|^2}\right).$$

此时 σ 将北极点映到 ∞, 将南极点映到 0, 将赤道映到单位圆.

命题 2.2. 极小曲面的 Gauss 映射是反共形的 (即保持角度但改变定向).

证明: 由 $\operatorname{trace} A = H = 0$, 得 Weingarten 映射 A 的特征值为 λ ($\geqslant 0$) 和 $-\lambda$, 所以 $A^2 = \lambda^2 \operatorname{Id}$. 于是令 $U = \frac{\partial}{\partial u_1}$, $V = \frac{\partial}{\partial u_2}$, 便有

$$\langle dN(U), dN(U)\rangle = \langle dX(AU), dX(AU)\rangle = \langle AU, AU\rangle = \langle A^2 U, U\rangle = \lambda^2 \langle U, U\rangle,$$

即保持角度; 又因为

$$\det(dN(U), dN(V), N) = \det(dX(AU), dX(AV), N)$$
$$= \det(\lambda dX(U), -\lambda dX(V), N)$$
$$= -\lambda^2 \det(dX(U), dX(V), N),$$

所以 Gauss 映射改变了定向. □

我们将 Gauss 映射与曲面的共形参数化以及球极投影复合得到的共形映射 (曲面的定义域到黎曼球的亚纯函数) $\sigma \circ N \circ X$ 也称为 Gauss 映射.

大家知道, 任意黎曼流形上均有自然的二阶椭圆算子—— Laplace 算子 Δ, 其局部表示为

$$\Delta = \frac{1}{\sqrt{\det g_{ij}}} \sum_{i,j=1}^{n} \frac{\partial}{\partial x_i} \left(g^{ij} \sqrt{\det g_{ij}} \frac{\partial}{\partial x_j} \right).$$

例 2.3. 若曲面 M 具有共形度量 $\lambda(z)^2 |dz|^2$,

$$g_{ij} = \lambda^2 \delta_{ij}, \quad g^{ij} = \frac{1}{\lambda^2} \delta_{ij}, \quad \det g_{ij} = \lambda^4,$$

则

$$\Delta = \frac{1}{\lambda^2} \Delta_0,$$

其中

$$\Delta_0 = \frac{\partial^2}{\partial x^2} + \frac{\partial^2}{\partial y^2}$$

为普通的 Laplace 算子. 所以曲面 M 上函数 v 是 Δ-调和的当且仅当 v 是 Δ_0-调和的. 特别地, (u, v) 是等温坐标当且仅当它们是调和函数 (当然它们也是相互共轭的).

对 $\mathbb{R}^3$ 中的任何正规曲面 M (即 $X: M \to \mathbb{R}^3$ 是浸入), 局部的等温坐标总是存在的 (见 [26, Chap. 3] 或 [60]). $\mathbb{R}^3$ 中的极小曲面理论充分依赖于曲面上每点的邻域内等温坐标的存在性. 首先, 我们有

定理 2.2. 设 $X: M \to \mathbb{R}^3$ 是正规曲面, (u_1, u_2) 是其上的等温坐标, 导出的度量为 $ds^2 = \lambda^2(du_1^2 + du_2^2)$, 则 $\Delta X = 2\lambda^2 HN$.

证明: 由 $b_{11} + b_{22} = 2\lambda^2 H$, 得

$$\langle X_{u_1 u_1} + X_{u_2 u_2}, N \rangle = 2\lambda^2 H.$$

微分 $\langle X_{u_1}, X_{u_1} \rangle = \langle X_{u_2}, X_{u_2} \rangle$ 得

$$\langle X_{u_1 u_1}, X_{u_1} \rangle = \langle X_{u_2 u_1}, X_{u_2} \rangle, \quad \langle X_{u_1 u_2}, X_{u_1} \rangle = \langle X_{u_2 u_2}, X_{u_2} \rangle.$$

微分 $\langle X_{u_1}, X_{u_2} \rangle = 0$ 得

$$\langle X_{u_1 u_1}, X_{u_2} \rangle + \langle X_{u_1}, X_{u_2 u_1} \rangle = 0, \quad \langle X_{u_1 u_2}, X_{u_2} \rangle + \langle X_{u_1}, X_{u_2 u_2} \rangle = 0.$$

于是

$$\langle X_{u_1 u_1} + X_{u_2 u_2}, X_{u_1} \rangle = 0, \quad \langle X_{u_1 u_1} + X_{u_2 u_2}, X_{u_2} \rangle = 0.$$

因为 $\{X_{u_1}, X_{u_1}, N\}$ 是一组基, 得

$$\Delta X = \langle X_{u_1 u_1} + X_{u_2 u_2}, N \rangle N = (b_{11} + b_{22})N = 2\lambda^2 HN. \qquad \square$$

由这个定理立得

定理 2.3. 设 $X = (X_1, X_2, X_3): M \to \mathbb{R}^3$ 是正规曲面, (u_1, u_2) 是其上的等温坐标, 则 $X = (X_1, X_2, X_3)$ 是极小的当且仅当 $\Delta X_i = 0$, $i = 1, 2, 3$.

由上面的定理知共形极小浸入的坐标函数均是调和的, 再由极大值原理, 可得

推论 2.1. 任何正规的极小曲面一定是非紧的.

另外由于共形极小浸入的坐标函数均是调和的, 我们还可以将调和函数和解析函数的许多性质推广到极小曲面上来, 如对应于调和函数和解析函数的对称原理和唯一性定理, 我们有

定理 2.4. (Schwarz-Riemann 反射原理) 若 $\mathbb{R}^3$ 中极小曲面 M 的边界包含直线 l 的某个区间 I, M^* 是与 M 关于 l 对称的极小曲面, 则 $M \cup M^*$ 是光滑的极小曲面, 且 M 与 M^* 光滑地沿 I 相连在一起.

定理 2.5. (唯一性定理) 如果两个极小曲面 M_1, M_2 的交 $M_1 \cap M_2$ 包含一个开子集, 则 $M_1 \cup M_2$ 是光滑极小曲面.

证明: 假定结论不成立, 则存在点 $p \in M_1 \cap M_2$ 是 $M_1 \cap M_2$ 中某极大子集的边界点, 设 Π 是 M_1 与 M_2 在 p 处的切平面, p 点邻域内的坐标为 (x,y,z), z 轴垂直于平面 Π, $p = (0,0,0)$. 在 p 的某邻域内, 曲面 M_i 表示为 $z_i = f_i(x,y)$, $i=1,2$, 其中在 p 点的任何邻域内, 均有 $f_1 \not\equiv f_2$, 且存在开子集 $U \subset \Pi$, 使得 $p \in \partial U$, 在 U 上成立 $f_1 \equiv f_2$. 由于 $x_i(u,v)$, $y_i(u,v)$, $z_i(u,v)$ 均是调和的, 且

$$x_1(u,v) = x_2(u,v), \quad y_1(u,v) = y_2(u,v), \quad z_1(u,v) = z_2(u,v), \quad (u,v) \in U,$$

故它们在 p 的邻域内一致, 这与 p 的选取矛盾. $\square$

注: 由上述两个定理可以证明 Catalan 定理 ([26, p. 34]), 由于我们在第六章要给出其复分析的证明, 这里就不再赘述了.

§2.2 Weierstrass 表示

设 U 是 $\mathbb{R}^2$ 中的单连通区域, $I = (I_1, I_2, I_3): U \to \mathbb{R}^3$ 是共形调和浸入, 于是

$$\left\langle \frac{\partial I}{\partial x}, \frac{\partial I}{\partial x} \right\rangle = \left\langle \frac{\partial I}{\partial y}, \frac{\partial I}{\partial y} \right\rangle, \quad \left\langle \frac{\partial I}{\partial x}, \frac{\partial I}{\partial y} \right\rangle = 0,$$

即

$$g_{12} = \sum_{j=1}^{3} \frac{\partial I_j}{\partial x} \frac{\partial I_j}{\partial y} = 0, \quad g_{11} = \sum_{j=1}^{3} \left(\frac{\partial I_j}{\partial x} \right)^2 = \sum_{j=1}^{3} \left(\frac{\partial I_j}{\partial y} \right)^2 = g_{22},$$

其中 $z = x + yi \in U$. 由定理 2.3, $\Delta I_j = 0$, $j = 1, 2, 3$. 设 $\tilde{I}_j$ 是 I_j 的调和共轭, 即

$$\frac{\partial \tilde{I}_j}{\partial x} = -\frac{\partial I_j}{\partial y}, \quad \frac{\partial \tilde{I}_j}{\partial y} = -\frac{\partial I_j}{\partial x},$$

则 $\psi_j := I_j + i\tilde{I}_j$ 是 $\mathbb{C}^3$ 中全纯曲线, 其复微分 $\varphi_j = \frac{d\psi_j}{dz}$ 为

$$\varphi_j = \frac{\partial I_j}{\partial x} - i \frac{\partial I_j}{\partial y}.$$

于是得

$$\sum_{j=1}^{3}\varphi_j^2 = \sum_{j=1}^{3}\left(\frac{\partial I_j}{\partial x}\right)^2 - \sum_{j=1}^{3}\left(\frac{\partial I_j}{\partial y}\right)^2 - 2i\sum_{j=1}^{3}\frac{\partial I_j}{\partial x}\frac{\partial I_j}{\partial y} = g_{11} - g_{22} - 2ig_{12} = 0,$$

$$\sum_{j=1}^{3}|\varphi_j|^2 = \sum_{j=1}^{3}\left(\frac{\partial I_j}{\partial x}\right)^2 + \sum_{j=1}^{3}\left(\frac{\partial I_j}{\partial y}\right)^2 = g_{11} + g_{22}.$$

定理 2.6. (Enneper-Weierstrass, 1866) 任意单连通的极小曲面 $I\colon \Omega \to \mathbb{R}^3$ 均由三个满足 $\sum_{j=1}^{3}(\psi_j')^2 = 0$ 的全纯函数 ψ_1, ψ_2, ψ_3 确定, 使得 $I = (I_1, I_2, I_3)$, $I_j = \operatorname{Re}\psi_j$.

由该定理知, 要构造一个极小曲面, 只要构造出全纯函数 ψ_1, ψ_2, ψ_3 满足 $\sum_{j=1}^{3}(\varphi_j)^2 = \sum_{j=1}^{3}(\psi_j')^2 = 0$ 就行了.

设 $\Omega \subseteq \mathbb{C}$, $f, g\colon \Omega \to \mathbb{C}$ 是 Ω 上的全纯函数, 令

$$f = \varphi_1 - i\varphi_2, \quad g = \frac{\varphi_3}{\varphi_1 - i\varphi_2},$$

则

$$\varphi_1 = \frac{1}{2}f(1-g^2), \quad \varphi_2 = \frac{i}{2}f(1+g^2), \quad \varphi_3 = fg$$

是全纯的, 且 $\sum_{j=1}^{3}(\varphi_j)^2 = 0$, 于是令

$$\begin{cases} I_1(z) = a_1 + \operatorname{Re}\dfrac{1}{2}\displaystyle\int_0^z f(1-g^2), \\ I_2(z) = a_2 + \operatorname{Re}\dfrac{i}{2}\displaystyle\int_0^z f(1+g^2), \\ I_3(z) = a_3 + \operatorname{Re}\displaystyle\int_0^z fg, \end{cases}$$

则 $I = (I_1, I_2, I_3)\colon \Omega \to \mathbb{R}^3$ 是共形调和浸入 (即极小曲面).

特别地, g 也可以是亚纯的, 但此时要求: 当 z_0 不是 g 的极点时, $f(z_0) \neq 0$; 当 z_0 是 g 的 k ($\geqslant 1$) 阶极点时, z_0 是 f 的至少 $2k$ 阶零点 (否则 $\varphi_1 + i\varphi_2 = -fg^2$ 就不是全纯的).

我们称上面这个表示为极小曲面的 **Enneper-Weierstrass 表示**, 或简称为 Weierstrass 表示, (f,g) 称为极小曲面的 Weierstrass 表示对, 由 (f,g) 生成的极小曲面可记为 $M(f,g)$. 由上面的定理, 易证

定理 2.7. 若极小浸入 $I\colon \Omega \to \mathbb{R}^3$ 的 Weierstrass 表示对为 (f,g), h 是 Ω 上的全纯函数, 且在 Ω 上 $h \neq 0$, 令 $\tilde{f} = fh$, $\tilde{g} = g/h$,

$$\tilde{I}(z) = \operatorname{Re}\int_{z_0}^{z} \left(\frac{1}{2}\tilde{f}(1-\tilde{g}^2), \frac{i}{2}\tilde{f}(1+\tilde{g}^2), fg\right),$$

则 $\tilde{I}\colon \Omega \to \mathbb{R}^3$ 也是极小曲面.

例 2.4. (1) 当 $g \equiv 0$ 时, 得一平面 ($I_3(z) = 0$).

(2) 当 $f(z) = 1/z^2$, $g(z) = z$, $z \in \mathbb{C}\backslash\{0\}$ 时, 得到一个悬链面. (亏格 $g = 0$, 端 $e = 2$, 全曲率 $C(M) = -4\pi$)

(3) 当 $f(z) = e^{-z}$, $g(z) = -ie^z$ 时,

$$I_1(z) = \cos y \sinh x, \quad I_2(z) = \sin y \sinh x, \quad I_3(z) = y,$$

得到一个螺旋面. ($g = 0$, $e = 1$, $C(M) = -4\pi$)

(4) 当 $f(z) \equiv 1$, $g(z) = z$ 时, 得到 Enneper 曲面.

设 $I = (I_1, I_2, I_3)\colon \Omega \to \mathbb{R}^3$ 是一个极小曲面 Σ 的共形参数化, 则 I_j 是调和的, 所以局部地可表示为某全纯函数的实部, 或整体地 (在单连通域上) 用 Ω 上全纯 1-形式 ω_j 来表示为

$$I(p) = \operatorname{Re}\int_0^p (\omega_1, \omega_2, \omega_3).$$

Σ 有一个自然的单参数形变族 Σ^t, 其局部表示为

$$I^t\colon z \to \operatorname{Re}\int_0^z e^{it}(\omega_1, \omega_2, \omega_3).$$

称 $\{\Sigma^t\}$ 为 Σ 的相关族 (associate minimal surfaces), 因为 Σ^t 的黎曼度量 $ds^2 = \omega_1^2 + \omega_2^2 + \omega_3^2$ 与 t 无关, 所以所有曲面 Σ^t 都是等距的极小曲面, 即

这个形变是既没有撕破又没有拉伸的形变,而且由定义可知它们有相同的 Gauss 映射. $\Sigma^* = \Sigma^{\pi/2}$ 称为 Σ 的共轭曲面,例如悬链面与螺旋面就是一对相互共轭的曲面,还有单周期的 Scherk 曲面和双周期的 Scherk 曲面也是一对相互共轭的曲面.

Enneper-Weierstrass 表示对 $\mathbb{R}^3$ 中极小曲面的研究起了非常重要的作用,一方面,可以用来构造特殊的极小曲面,如上例;另一个重要的方面就是由此可将全纯函数的一些结果平移到极小曲面的情形,得到极小曲面的一般结果,为此,就要利用 Enneper-Weierstrass 表示中函数对 (f,g) 来计算或表示曲面的一些基本的几何量.

下面我们来计算共形浸入曲面上曲线的长度和曲率.

(1) 曲面上曲线的长度. 设曲线 $\alpha: [a,b] \to \Omega$, $\gamma = I \circ \alpha$, $\alpha(t) = \alpha_1(t)e_1 + \alpha_2(t)e_2$,则 γ 的长度为

$$\begin{aligned} L(\gamma) &= \int_a^b \|\gamma'(t)\| dt \\ &= \int_a^b \|dI(\alpha(t))\alpha'(t)\| \\ &= \int_a^b (\|\alpha_1'(t)dI(\alpha(t))e_1 + \alpha_2'(t)dI(\alpha(t))e_2\|^2)^{1/2} dt \\ &= \int_a^b (((\alpha_1')^2 + (\alpha_2')^2)\lambda^2(\alpha(t)))^{1/2} dt \\ &= \int_a^b \lambda(\alpha(t))\|\alpha'(t)\| dt, \end{aligned}$$

其中 $\|\alpha'(t)\|$ 是欧氏长度.

(2) 曲面 Σ 的度量为 $ds^2 = \lambda^2 |dz|^2$, $\lambda(z) = |f|(1+|g|^2)/2$,因为

$$ds^2 = |I_x|^2 dx^2 + |I_y|^2 dy^2 = |I_x|^2(dx^2 + dy^2) = |I_x|^2 dz^2,$$

$$\lambda^2 = |I_x|^2 = \frac{1}{2}|I_z|^2 = |\varphi_1|^2 + |\varphi_2|^2 + |\varphi_3|^2 = \frac{1}{4}|f|^2(1+|g|^2)^2.$$

(3) 曲面的 Gauss 映射. 设 $I: \Omega \to \mathbb{R}^3$ 是极小浸入,$I = \operatorname{Re} \psi$,则

$$v = dI(e_1) = \frac{\partial I}{\partial x}, \quad w = dI(e_2) = \frac{\partial I}{\partial y}$$

张成切平面, 其中
$$\frac{\partial I}{\partial x} = \left(\frac{\partial I_1}{\partial x}, \frac{\partial I_2}{\partial x}, \frac{\partial I_3}{\partial x}\right), \quad \frac{\partial I}{\partial y} = \left(\frac{\partial I_1}{\partial y}, \frac{\partial I_2}{\partial y}, \frac{\partial I_3}{\partial y}\right).$$

由
$$\frac{\partial I}{\partial x} - i\frac{\partial I}{\partial y} = \psi' = \varphi = (\varphi_1, \varphi_2, \varphi_3)$$

得
$$\frac{\partial I}{\partial x} = \operatorname{Re}\varphi, \quad \frac{\partial I}{\partial y} = -\operatorname{Im}\varphi,$$

于是
$$\frac{\partial I}{\partial x} \wedge \frac{\partial I}{\partial y} = -(\operatorname{Re}\varphi_1, \operatorname{Re}\varphi_2, \operatorname{Re}\varphi_3) \wedge (\operatorname{Im}\varphi_1, \operatorname{Im}\varphi_2, \operatorname{Im}\varphi_3)$$
$$= (\operatorname{Im}\varphi_2\overline{\varphi}_3, \operatorname{Im}\varphi_3\overline{\varphi}_1, \operatorname{Im}\varphi_1\overline{\varphi}_2)$$
$$= \frac{1}{4}|f|^2(1+|g|^2)(2\operatorname{Re}g, 2\operatorname{Im}g, |g|^2 - 1),$$

由此可得
$$\left|\frac{\partial I}{\partial x} \wedge \frac{\partial I}{\partial y}\right| = \left[\frac{1}{2}|f|(1+|g|^2)\right]^2 = \lambda^2,$$

曲面的法向量为
$$N = \frac{\frac{\partial I}{\partial x} \wedge \frac{\partial I}{\partial y}}{\left|\frac{\partial I}{\partial x} \wedge \frac{\partial I}{\partial y}\right|} = \frac{(2\operatorname{Re}g, 2\operatorname{Im}g, |g|^2 - 1)}{1+|g|^2},$$

仅与 g 有关, 而与 f 无关. 若设 $\pi\colon S^2 \to \mathbb{C}$ 是球极投影, 则通过计算可得

$$\pi \circ N = (\operatorname{Re}g, \operatorname{Im}g) \approx \operatorname{Re}g + i\operatorname{Im}g = g.$$

这说明 Weierstrass 表示 (f,g) 中的 g 就是曲面的 Gauss 映射和球极投影的合成, 即 $g = \pi \circ N \circ I$:

$$\begin{array}{ccc} \Sigma & \xrightarrow{N} & S^2 \\ I \uparrow & & \downarrow \pi \\ \Omega \subset \mathbb{R}^2 & \xdashrightarrow{g} & \mathbb{C} \end{array}$$

(4) 曲面的第二基本形式. 因为

$$\psi' = \varphi = (\varphi_1, \varphi_2, \varphi_3) = f\Big(\frac{1}{2}(1-g^2), \frac{i}{2}(1+g^2), g\Big),$$

$$\psi'' = \frac{f'}{f}\psi' + fg'(-g, ig, 1),$$

而且直接可以验证

$$\langle N, \psi' \rangle = 0, \quad \langle N, \vec{a} \rangle = -1,$$

其中 $a = (-g, ig, 1)$, 于是得 $\langle N, \psi'' \rangle = -fg'$, 所以曲面的第二基本形式为

$$\mathrm{II} = \mathrm{Re}\{-fg' dz^2\}, \quad z = x + iy.$$

(5) 由 (2) 和 (4) 得曲面的法曲率为

$$\Big[\frac{2}{|f|(1+|g|^2)}\Big]^2 \mathrm{Re}\{-fg' e^{2i\theta}\},$$

取极值得主曲率为

$$k_1 = \frac{4|g'|}{|f|(1+|g|^2)^2}, \quad k_2 = \frac{-4|g'|}{|f|(1+|g|^2)^2},$$

Gauss 曲率为

$$K = k_1 k_2 = -\Big[\frac{4|g'|}{|f|(1+|g|^2)^2}\Big]^2.$$

也可以这样来计算曲面的 Gauss 曲率:

$$\psi' = I_x - iI_y \Longrightarrow \psi'' = I_{xx} - iI_{xy} = -I_{yy} - iI_{xy}$$

$$\Longrightarrow \langle N, \psi'' \rangle = b_{11} - ib_{12} = -b_{22} - ib_{12}$$

$$\Longrightarrow |\langle N, \psi'' \rangle|^2 = b_{11}^2 + b_{12}^2 = -b_{11}b_{22} + b_{12}^2 = -\det B$$

$$\Longrightarrow K = \frac{\det B}{\det G} = -\frac{|\langle N, \psi'' \rangle|^2}{\det G} = -\frac{|fg'|^2}{\lambda^4} = -\Big[\frac{4|g'|}{|f|(1+|g|^2)^2}\Big]^2.$$

我们知道曲面上脐点处的两个主曲率均相等, 在极小曲面上, 脐点处的两个主曲率为零, 所以 K 也为零. 由上式知极小曲面上脐点就是其

Weierstrass 表示对 (f,g) 中函数 g 的导函数 g' 的零点, 由于 g' 是解析的, 它要么恒为零, 要么只有孤立零点, 所以非平坦的极小曲面的 Gauss 曲率是非正的, 且只有孤立零点.

第三章 完备性与极小曲面的 Gauss 映射

我们前面给出的极小曲面的例子, 要么非紧, 要么是紧的且有边界, 事实上, 在 $\mathbb{R}^3$ 中没有紧无边的极小曲面, 即无边界的极小曲面一定是非紧的, 这类曲面中最重要的一类就是完备的极小曲面. 本章我们首先了解极小曲面的完备性, 然后讨论完备极小曲面的 Gauss 映射.

§3.1 完备极小曲面

本节我们来介绍极小曲面的完备性.

定义 3.1. 设 Ω 是 $\mathbb{R}^2$ 中的开子集. 称连续曲线 $\gamma\colon [0,a) \to \Omega$ 是**发散**的, 如果对 Ω 的任意紧子集 K, 存在 $t_0 < a$, 使得 $\gamma(t) \notin K$, $\forall\, t \in (t_0, a)$ (即 $\gamma(t) \to \partial\Omega$).

定义 3.2. 设 $I\colon \Omega \subset \mathbb{R}^2 \to \mathbb{R}^3$ 是一个浸入, 且 Ω 具有诱导度量, 即 $\|v\|_\Omega = \|I_*v\|_{\mathbb{R}^3}$, 这里 $I_*\colon T_z(\Omega) \to T_{I(z)}(\mathbb{R}^3)$ 是浸入 I 的切映射. 我们称浸入 $I\colon \Omega \subset$

$\mathbb{R}^2 \to \mathbb{R}^3$ 是**完备**的, 如果任意光滑的发散曲线 $\gamma\colon [0,a] \to \Omega$ 有无限长度 (相对于诱导度量).

例 3.1. (1) $\mathbb{R}^2\backslash\{0\}$ 不是完备的. 一般地, 完备曲面挖去一点后所得的曲面是不完备的.

(2) 球面是完备的.

(3) 如果 $I\colon \Omega \to \mathbb{R}^3$ 是逆紧的, 则其是完备的.

(4) 悬链面是完备的.

Hopf 和 Rinow 证明了完备曲面上测地射线可以无限延伸, 曲面上任意两点均可由最短测地线连接, 完备性是曲面的内蕴性质, 与到外围空间的嵌入无关. 完备性对整体研究黎曼流形很有用.

任给一个极小曲面 Σ, 均有一个相关的单连通的极小曲面 $\hat{\Sigma}$, 所以关于极小曲面的许多问题都是考虑单连通的极小曲面. 事实上, 若设 $I\colon \Omega \to \mathbb{R}^3$ 定义了极小曲面 Σ, $\hat{\Omega}$ 是 Ω 的万有覆叠, 覆叠投影为 $\pi\colon \hat{\Omega} \to \Omega$, 则 $I \circ \pi\colon \hat{\Omega} \to \mathbb{R}^3$ 定义了一个单连通的极小曲面 $\hat{\Sigma}$. $\hat{\Sigma}$ 称为 Σ 的万有覆叠曲面, 而且 $\hat{\Sigma}$ 完备当且仅当 Σ 完备. 另外由于覆叠投影是局部微分同胚, 所以 $\hat{\Sigma}$ 是正规的当且仅当 Σ 是正规的.

设 $\Sigma\colon \Omega \to \mathbb{R}^3$ 是单连通的极小曲面, 由黎曼映射定理 ([60, 引理 6.3]), 可以设 Ω 共形于 $D = \{z \in \mathbb{C}\colon |z| < 1\}$ 或 $\Omega = \mathbb{C}$. 如果 Ω 共形于 D, 称 Σ 为**双曲的**; 如果 $\Omega = \mathbb{C}$, 称 Σ 为**抛物的**.

若 Σ 是完备的, 则对任意发散的曲线 γ, 有

$$\int_\gamma |f|(1+|g|^2)ds = \infty,$$

于是

$$\int_\gamma |f|ds \leqslant \int_\gamma |f|(1+|g|^2)ds = \infty.$$

引理 3.1. 如果 $f\colon D \to \mathbb{C}\backslash\{0\}$ 是全纯的, 则存在发散的曲线 γ, 使得

$$\int_\gamma |f|ds < \infty.$$

证明一: 令 $F(z) = \int_0^z f(\zeta)d\zeta$, $\gamma_\theta(t) = te^{i\theta}$, $t \geqslant 0$, 再令 α_θ 是 γ_θ 在 $z = 0$ 处的提升, 即 $F(\alpha_\theta(t)) = \gamma_\theta(t)$, 于是 $F'(\alpha_\theta(t))\alpha'_\theta(t) = \gamma'_\theta(t) = e^{i\theta}$, 得

$$\begin{cases} \alpha'_\theta(t) = \dfrac{e^{i\theta}}{f(\alpha_\theta(t))}, & t \neq 0, \\ \alpha_\theta(0) = 0. \end{cases}$$

设 $[0, t_\theta)$ 是 α_θ 落在 D 内的最大区间, 则存在 θ, 使得 $t_\theta < \infty$. 否则, $t_\theta = \infty$, $\forall\, \theta$, 定义 $G\colon \mathbb{C} \to D$ 为

$$G(0) = 0, \quad G(re^{i\theta}) = \alpha_\theta(r).$$

于是 $F(G(re^{i\theta})) = F(\alpha_\theta(r)) = \gamma_\theta(r) = re^{i\theta}$, 即 $F \circ G = id$, 得 G 是全纯的, 由 Liouville 定理得, G 为常值映射, 从而 F 也为常值映射, 这与 $F' = f \neq 0$ 矛盾.

取 θ, 使得 $t_\theta < \infty$, 则 $\alpha_\theta\colon [0, t_\theta] \to D$ 是发散的曲线, 即

$$\lim_{t \to t_\theta} |\alpha_\theta(t)| = 1.$$

由 t_θ 的极大性, 当 $t \to t_\theta$ 时, $\alpha_\theta(t)$ 在 D 中没有聚点, 于是

$$\begin{aligned}
\int_0^{t_\theta} |f(\alpha_\theta(t))| |\alpha'_\theta(t)| dt &= \int_0^{t_\theta} |dF(\alpha_\theta(t))\alpha'_\theta(t)| dt \\
&= \int_0^{t_\theta} |\gamma'_\theta(t)| dt \\
&= \int_0^{t_\theta} dt \\
&= t_\theta \\
&< \infty,
\end{aligned}$$

取 $\gamma = \alpha_\theta$, 引理得证.

证明二: 定义 D 上的向量场 X 如下:

$$X(z) = \nabla(\operatorname{Re} F), \quad F(z) = \int_0^z \frac{d\zeta}{f(\zeta)}.$$

若 $F = U + iV$ 是全纯的, 则向量场 X 可以表示为

$$X(z) = \nabla(\operatorname{Re} F) = \nabla U = (U_x, U_y) = U_x + iU_y$$
$$= \overline{U_x - iU_y} = \overline{U_x + iV_x} = \overline{F'(z)} = \frac{1}{\overline{f(z)}},$$

$$\|X\| = \frac{1}{|\overline{f}|} = \frac{1}{|f|}.$$

假定引理结论不成立, 则共形度量 $|f(z)dz|$ 是完备的, 关于这个度量, X 的长度是 $|f(z)|/|\overline{f}| = 1$, 即关于完备度量 $|f(z)dz|$, X 是有界向量场, 所以一定是完备向量场, 即 X 生成一个完备流: $\varphi_t \colon D \to D$, $-\infty < t < \infty$. 又由 $X = \nabla U$, 得 $\operatorname{div} X = \Delta U = 0$, 于是流 φ_t 保持体积, 即 $\operatorname{vol}(\varphi_t(D)) = \operatorname{vol}(D)$, $\forall t \in (-\infty, \infty)$. 因为 D 的面积有限, 由 Poincaré 循环定理, 对 D 中几乎所有的点 p, 存在时间序列 $t_n \colon t_n \to \infty$, 使得 $\lim_{n \to \infty} \varphi_{t_n}(p) = p$.

另一方面, $X(p)$ 与 $U = \operatorname{Re} F$ 的水平曲线垂直, 所以其梯度线与其水平线只相交于一点. 但由

$$\frac{d}{dt} U(\varphi_t(p)) = \nabla U \cdot \varphi_t'(p) = |\nabla U|^2 > 0$$

知, φ_t 不可能与某些水平线只相交一次而趋近于 p, 矛盾. 所以度量 $|f(z)dz|$ 不是完备的, 即存在发散的曲线 γ, 使得 $\int_\gamma |f| ds < \infty$. □

定义 3.3. 称浸入子流形 $I \colon M^n \to \mathbb{R}^N$ 为极小的, 如果其平均曲率 $H \equiv 0$.

命题 3.1. $I = (I_1, I_2, \ldots, I_N) \colon M^n \to \mathbb{R}^N$ 为极小子流形当且仅当 $\Delta I_j = 0$, $\forall j = 1, 2, \ldots, N$.

命题 3.2. 任意完备极小浸入 $I = (I_1, I_2, \ldots, I_N) \colon M^n \to \mathbb{R}^N$ 的体积是无限的.

注: 其证明方法与引理 3.1 的证明二相同.

证明: 假定 $\operatorname{vol}(M) < \infty$, 类似于引理 3.1, 令 $X_j = \nabla I_j$, 有 $\operatorname{div}(X_j) = 0$, X_j 生成一个流: $\varphi_t \colon M \to M$, $-\infty < t < \infty$, 由 Poincaré 循环定理, 对 M 中几乎所有的点 p, 存在时间序列 $t_n \colon t_n \to \infty$, 使得 $\lim_{n \to \infty} \varphi_{t_n}(p) = p$.

若 $X_j(p) \neq 0$, 则其梯度线无法与其同一水平线相交两次, $\varphi_t(p)$ 也就不可能趋近于 p. 所以, 对 M 中几乎所有的点 p, $\nabla I_j(p) = X_j(p) = 0$, 于是 $\nabla I_j = 0\ (\forall\ j)$, 即 I_j 为常数 $(\forall\ j)$, M 为一个点, 矛盾. □

§3.2 完备极小曲面的 Gauss 映射

近几十年来, 完备可定向极小曲面 Gauss 映射的研究取得了很多重要的进展, 同时也引出了很多新的问题, 其中最有趣的问题就是决定 Gauss 映射的球面像的大小. R. Osserman 首先开始系统研究该问题. 1961 年, 他利用 Weierstrass 表示证明了

定理 3.1. 若 M 是非平坦的完备极小曲面, 则其 Gauss 映射的像 $g(M)$ 在 S^2 中稠密, 即 $\overline{g(M)} = S^2$.

注: 该定理推广了 Bernstein 定理 (定理 1.4).

证明: 首先不妨设 M 是单连通的 (否则取 M 的万有覆叠), 且 $\Omega = \mathbb{C}$ 或 $\Omega = D$. 假定 $S^2 - \overline{g(M)}$ 包含一个非空开集, 旋转曲面使得 S^2 的北极点 $n \in S^2 - \overline{g(M)}$. 设 $\pi: S^2 \to \mathbb{R}^2 \approx \mathbb{C}$ 是球极投影.

当 $\Omega = \mathbb{C}$ 时, $\pi(g(M))$ 在 $\mathbb{C}$ 中有界, 则 $h = \pi \circ g \circ I: \mathbb{C} \to \mathbb{C}$ 是有界的, 由 Picard 定理得 h 是常值的, 即曲面 M 是平面, 矛盾.

当 $\Omega = D$ 时, 对任意的发散曲线 γ, 有

$$\int_\gamma |f|(1+|g|^2)ds = \infty.$$

由 g 有界, 即 $|g| \leq c$ 知 $1 \leq 1+|g|^2 \leq 1+c^2$, 由上式得, 对任意的发散曲线 γ, 有

$$\int_\gamma |f|ds = \infty.$$

但 f 处处不为零, 上式与引理 3.1 矛盾. □

问题: 给定一个非平坦的可定向完备极小曲面 M, $S^2 - g(M)$ 有多大? 我们已经知道以下结果:

(1) $S^2 - g(M)$ 不包含非空开集.

(2) 当 M 是悬链面时, $\#(S^2 - g(M)) = 2$.

(3) 当 $g: \mathbb{C} \to \mathbb{C}$ 全纯, $\#(\mathbb{C} - g(\mathbb{C})) \geqslant 2$ 时, g 为常数.

(4) F. Xavier ([73]) 利用偏微分方程和经典复分析理论证明了 $\#(S^2 - g(M)) \leqslant 6$.

(5) Fujimoto ([28,29]) 利用复分析和一些几何理论证明了 $\#(S^2 - g(M)) \leqslant 4$. 这个结果是最优的, 因为经典的 Scherk 曲面 (见第一章) 的 Gauss 映射刚好不取四个点; 而且任意给定至多四个点, 都可以构造非平坦的正规的完备极小曲面, 使得其 Gauss 映射刚好不取这些值 (见本节后面).

(6) Earp 和 Rosenberg ([24]) 证明了: 如果 M 具有有限拓扑和无限全曲率, 则 $\#(S^2 - g(M)) = 4$, 而且 g 取其他所有值无穷多次.

(7) 如果全曲率有限的话, 则 $\#(S^2 - g(M)) \leqslant 3$ ([59]).

注: 由 (4) 或 (5) 可以证明 Bernstein 定理 (定理 1.4): 若 $M = \text{graph}(u)$, 则 $g(M)$ 属于半个球, 矛盾.

注: Weitsman 和 Xavier [72] 证明了 $\#(S^2 - g(M)) = 3$ 时, 全曲率 $\leqslant -16\pi$.

注: 对于不可定向的完备极小曲面, 利用 S^2 到 $\mathbb{R}P^2$ 的双重覆叠, 自然可以导出广义的 Gauss 映射. 由 Fujimoto 的结果知, 广义的 Gauss 映射最多不取射影平面 $\mathbb{R}P^2$ 的两个点, Lopez 和 Matin 证明了 $\mathbb{R}^3$ 中存在不可定向的完备极小曲面, 其广义的 Gauss 映射不取射影平面 $\mathbb{R}P^2$ 的两个点 ([39]).

本章只证明上面的结果 (4) 和 (5). 首先我们要给出关于流形上次调和函数的一个结果 (定理 3.2), 为此, 我们先证明下面的引理.

引理 3.2. 设 M^n 是完备的黎曼流形, ω 是 M^n 上光滑可积的 $(n-1)$-形式, 则存在 M^n 上的区域序列 $\{B_i\}$, 使得 $B_i \subset B_{i+1}$, $M^n = \cup_i B_i$, 且有 $\lim_{i \to \infty} \int_{B_i} d\omega = 0$.

证明: 设 r 是 M^n 上到固定点 p 的距离函数, 则 r 是 M^n 上的 Lipschitz 函数, 我们就可以用 M^n 上非负的 C^1 函数 g_R 来逼近它 ([31]), 且 g_R 满足:

(1) 除了有限个比 R 小的 t 以外, $g_R^{-1}(t)$ 是紧的正规的超曲面;

(2) 在 $g_R^{-1}([0,R])$ 上, 满足 $|dg_R| \leqslant 3/2$;

(3) $g_R^{-1}(t) \subset B(t+1) \backslash B(t-1)$ $(t \leqslant R)$, 其中 $B(R)$ 是以 p 为中心, R 为半径的球.

另一方面, 由 [25, (3.2.22)] 和 (2) 知

$$\int_0^R \left(\int_{g_R^{-1}(t)} |\omega| \right) dt = \int_{g_R^{-1}([0,R])} |dg_R| \, |\omega| \leqslant \frac{3}{2} \int_M |\omega|,$$

所以, $\forall \, t_R: R/2 \leqslant t_R \leqslant R$, $g_R^{-1}(t_R)$ 是紧的正规的超曲面, 且

$$\int_{g_R^{-1}(t_R)} |\omega| \leqslant \frac{3}{R} \int_M |\omega|.$$

由 Stokes 定理得

$$\int_{g_R^{-1}([0,t_R])} d\omega \leqslant \int_{g_R^{-1}(t_R)} |\omega| \leqslant \frac{3}{R} \int_M |\omega|.$$

再由 g_R 的性质 (3) 得

$$M^n = \bigcup_{i=1}^{\infty} g_i^{-1}([0, t_i])$$

且

$$\lim_{i \to \infty} \int_{g_i^{-1}([0,t_i])} d\omega = 0. \qquad \square$$

定理 3.2. (Yau, [83]) 设 M 是具有无限体积的完备黎曼流形, 若非负光滑函数 $v: M \to (0,\infty)$ 几乎处处满足 $\Delta \log v \geqslant 0$, 则 $\forall \, p > 0$, 有 $\int_M v^p dM = \infty$.

证明: 我们只证 $p = 1$ 的情形 (一般情形可以类似证明, 因为 $\Delta \log v^p = p \Delta \log v \geqslant 0$).

$\forall \, \varepsilon > 0$, 令 $v_\varepsilon = (v + \varepsilon)^{1/2}$, 则

$$\Delta \log v_\varepsilon \geqslant \frac{\varepsilon |dv|^2}{2v(v+\varepsilon)^2} \geqslant 0,$$

即
$$v_\varepsilon \Delta v_\varepsilon \geqslant |dv_\varepsilon|^2. \tag{3.2.1}$$

设 r 是 M^n 上到固定点 p 的距离函数, 对任意的 R_1, R_2: $0 < R_1 < R_2$, 令
$$\omega = \varphi\left(\frac{r + R_2 - 2R_1}{R_2 - R_1}\right),$$
其中光滑函数 φ 满足 $0 \leqslant \varphi \leqslant 1$ 和
$$\varphi(t) = \begin{cases} 1, & t \leqslant 1, \\ 0, & t \geqslant 2. \end{cases}$$

于是 ω 是 M^n 上连续的 Lipschitz 函数, 而且 $0 \leqslant \omega \leqslant 1$,
$$\omega(x) = \begin{cases} 1, & x \in B(R_1), \\ 0, & x \in M \backslash B(R_2). \end{cases}$$

$|d\omega| \leqslant C/(R_2 - R_1)$, C 为某正常数. 由 Stokes 定理得
$$\int_{B(R_2)} dv_\varepsilon \wedge *d(\omega^2 v_\varepsilon) = -\int_{B(R_2)} \omega^2 v_\varepsilon \Delta v_\varepsilon. \tag{3.2.2}$$

由 (3.2.1) 和 (3.2.2) 式得
$$\int_{B(R_2)} \omega^2 |dv_\varepsilon|^2 \leqslant -\int_{B(R_2)} 2v_\varepsilon dv_\varepsilon \wedge *\omega d\omega - \int_{B(R_2)} \omega^2 |dv_\varepsilon|^2,$$
$$2\int_{B(R_2)} \omega^2 |dv_\varepsilon|^2 \leqslant \int_{B(R_2)} \omega^2 |dv_\varepsilon|^2 + \int_{B(R_2)} v_\varepsilon^2 |d\omega|^2,$$
$$\frac{1}{4} \int_{B(R_2)} \frac{\omega^2 |dv|^2}{v + \varepsilon} = \int_{B(R_2)} \omega^2 |dv_\varepsilon|^2 \leqslant \frac{C^2}{(R_2 - R_1)^2} \int_{B(R_2)} v_\varepsilon^2.$$

令 $\varepsilon \to 0$, 得
$$\frac{1}{4} \int_{B(R_2)} \frac{\omega^2 |dv|^2}{v} \leqslant \frac{C^2}{(R_2 - R_1)^2} \int_{B(R_2)} v.$$

假定 $\int_M v dM < \infty$, 在上式中令 $R_2 = 2R_1 \to \infty$, 得
$$\int_M \frac{|dv|^2}{v} < \infty. \tag{3.2.3}$$

由 Schwarz 不等式得

$$\left(\int_M |dv|\right)^2 \leqslant \int_M \frac{|dv|^2}{v} \int_M v < \infty. \tag{3.2.4}$$

于是

$$\int_M |d\log v_\varepsilon| = \int_M \frac{|dv|}{2(v+\varepsilon)} \leqslant \int_M \frac{|dv|}{2\varepsilon} < \infty. \tag{3.2.5}$$

由引理 3.2, 存在 M^n 上的区域序列 $\{B_i\}$, 使得

$$0 = \lim_{i\to\infty} \int_{B_i} \Delta \log v_\varepsilon \geqslant \int_M \frac{\varepsilon |dv|^2}{2v(v+\varepsilon)^2} \geqslant 0,$$

由上式得

$$\int_M \frac{\varepsilon |dv|^2}{2v(v+\varepsilon)^2} = 0,$$

即 v 为常数, 再由 $\int_M v dM < \infty$ 和 M^n 有无限体积得, $v = 0$, 矛盾, 所以 $\int_M v dM = \infty$. $\square$

下面我们开始来证明 Xavier 的结果 (即上面的 (4)).

引理 3.3. 设 f 是单位圆盘 D 上的全纯函数且 $f \neq 0$, $\alpha = 1 - \frac{1}{k}$, $k \in \mathbb{Z}^+$, 则对任意的 p: $0 < p < 1$, 有

$$\frac{|f'|}{|f|^\alpha + |f|^{2-\alpha}} \in L^p(D).$$

证明: $g = f^{1/k}$ 是正规的 (见下文的定义 3.4), 即存在常数 C, 使得

$$\frac{|g'|}{1+|g|^2} \leqslant \frac{C}{1-|z|^2},$$

即

$$\frac{|f'|}{k|f|^{1-\frac{1}{k}}(1+|f|^{2/k})} \leqslant \frac{C}{1-|z|^2},$$

$$\frac{|f'|}{|f|^{1-\frac{1}{k}}+|f|^{1+\frac{1}{k}}} \leqslant \frac{kC}{1-|z|^2}.$$

于是

$$\frac{|f'|}{|f|^\alpha + |f|^{2-\alpha}} \in L^p(D), \quad 0 < p < 1. \qquad \square$$

定理 3.3. (Xavier) $\mathbb{R}^3$ 中非平坦的完备极小曲面的 Gauss 映射至多不取 6 个点.

证明: 假设完备极小曲面 M 的 Gauss 映射不取 7 个点, 同定理 3.1 的证明一样, 可设 $M = D$, 且其度量为 $\frac{1}{4}|f|^2(1+|g|^2)^2|dz|^2$, 其中 f, g 是全纯的, $|f| > 0$. g 与球极投影的逆复合就是曲面的 Gauss 映射, g 没有极点说明 g 不取北极点. 假定 g 还不取另外 6 个不同的复数 $a_1, a_2, \ldots, a_6$, 令

$$h = f^{-2/p} g' \prod_{i=1}^{6}(g - a_i)^{-\alpha},$$

其中 $5/6 < \alpha < 1$, $p = 5/(6\alpha)$, 则 $u = |h|$ 在 D 上几乎处处满足 $\Delta \log u = 0$, 于是可以断言 $u \notin L^p(M)$. 事实上, 若 u 是常数, 考虑到 M 的体积无限 (因为完备单连通的具有非正曲率的曲面有无穷体积), 可知 $u \notin L^p(M)$; 若 u 不是常数, 可由定理 3.2 可得. 于是

$$\int_D \frac{|g'|^p(1+|g|^2)^2}{\prod_{i=1}^{6}|g - a_i|^{p\alpha}} \, dxdy = \infty. \tag{3.2.6}$$

令

$$D_j = \{z \in D \mid |g(z) - a_j| \leqslant l\},$$

其中 $0 < l < \frac{1}{4} \min_{i \neq k; i,k=1,\ldots,6} |a_i - a_k|$, $D' = D \setminus \cup_{j=1}^{6} D_j$, 若设 (3.2.6) 中的积分项为 H, 即

$$H = \frac{|g'|^p(1+|g|^2)^2}{\prod_{i=1}^{6}|g - a_i|^{p\alpha}},$$

则

$$\int_D H dxdy = \sum_{j=1}^{6} \int_{D_j} H dxdy + \int_{D'} H dxdy. \tag{3.2.7}$$

在每个 D_j 上,

$$H \leqslant \frac{C|g'|^p}{|g - a_j|^{p\alpha}},$$

于是可设 $l < 1$, 使得

$$\frac{|g'|^p}{|g - a_j|^{p\alpha}} \leqslant 2^p \frac{|g'|^p}{(|g - a_j|^\alpha + |g - a_j|^{2-\alpha})^p}.$$

所以由引理 3.3 得

$$\int_{D_j} H dx dy < \infty. \tag{3.2.8}$$

同样来考虑 D' 上的积分, 因为

$$\frac{(1+|g|^2)^2}{\prod_{j=1}^5 |g-a_j|^{p\alpha}} = \frac{(1+|g|^2)^2}{\prod_{j=1}^5 |g-a_j|^{5/6}}$$

在 D' 上有界, 所以

$$\begin{aligned} H &\leqslant \frac{C|g'|^p}{|g-a_6|^{p\alpha+(5p\alpha-4)}} \\ &= \frac{C|g'|^p}{|g-a_6|} \\ &\leqslant \frac{C'|g'|^p}{(|g-a_6|^\alpha+|g-a_6|^{2-\alpha})^p}. \end{aligned}$$

如果 $\alpha = 1 - \frac{1}{k} \geqslant \frac{10}{11}$, 同前面讨论可得

$$\int_{D'} H dx dy < \infty. \tag{3.2.9}$$

由 (3.2.7), (3.2.8) 和 (3.2.9) 得

$$\int_D H dx dy < \infty,$$

这与 (3.2.6) 矛盾, 所以曲面的 Gauss 映射至多不取 6 个点. □

下面我们来证明 Fujimoto 的结果 (即前面的 (5)). 首先引入一些记号, 对不同的 $\alpha, \beta \in \overline{\mathbb{C}}$, 记

$$|\alpha, \beta| = |\beta, \alpha| = \begin{cases} \dfrac{|\alpha-\beta|}{\sqrt{1+|\alpha|^2}\sqrt{1+|\beta|^2}}, & \alpha, \beta \neq \infty; \\ |\beta-\alpha| = \dfrac{1}{\sqrt{1+|\alpha|^2}}, & \beta = \infty. \end{cases}$$

若 π 表示 S^2 到 $\overline{\mathbb{C}}$ 的球极投影, 则 $|\alpha, \beta|$ 就是 $v_1 = \pi^{-1}(\alpha)$ 和 $v_2 = \pi^{-1}(\beta)$ 之间弦长的一半.

引理 3.4. 设 g 是 $D_R = \{|z| < R\}$ 上的亚纯函数, 且不取 $\alpha \in \overline{\mathbb{C}}$, 则给定 $\rho > 0$, 存在 δ_0, $\forall \delta \geqslant \delta_0$,

$$\Delta \log \frac{1}{\log(\delta/|g,\alpha|^2)} \geqslant \frac{4|g'|^2}{(1+|g|^2)^2}\left(\frac{1}{|g,\alpha|^2 \log^2(\delta/|g,\alpha|^2)} - \rho\right). \tag{3.2.10}$$

证明: 令 $\varphi = |g,\alpha|^2$, 直接计算得

$$\left|\frac{\partial \varphi}{\partial z}\right| = (\varphi - \varphi^2)\frac{|g'|^2}{(1+|g|^2)^2},$$

$$\frac{\partial^2}{\partial z \partial \bar{z}}\log(1+|g|^2) = \frac{|g'|^2}{(1+|g|^2)^2}.$$

由此可得, $\forall \delta > 0$, 有

$$\frac{1}{4}\Delta \log \frac{1}{\log(\delta/\varphi)} = -\frac{\frac{\partial^2}{\partial z \partial \bar{z}}\log(1+|g|^2)}{\log(\delta/\varphi)} + \frac{\left|\frac{\partial \varphi}{\partial z}\right|}{\varphi^2 \log^2(\delta/\varphi)}$$

$$= \frac{|g'|^2}{(1+|g|^2)^2}\left(\frac{1}{\varphi \log^2(\delta/\varphi)} - \left(\frac{1}{\log^2(\delta/\varphi)} + \frac{1}{\log(\delta/\varphi)}\right)\right).$$

选取 $\delta = \delta_0 > 0$, 使得 $\log^{-2}(\delta/\varphi) + \log^{-1}(\delta/\varphi) < \rho$, 即可得证. $\square$

命题 3.3. 设 g 是 D_R 上非零的亚纯函数, 且不取 q 个不同的值 $\alpha_1, \ldots, \alpha_q$. 如果 $q > 2$, 则存在正常数 δ 和 C, 使得

$$\frac{|g'|}{1+|g|^2}\prod_{j=1}^{q}\frac{1}{|g,\alpha_j|\log(\delta/|g,\alpha_j|^2)} \leqslant \frac{CR}{R^2 - |z|^2}. \tag{3.2.11}$$

证明: 记 (3.2.11) 的左边为 v, 则

$$v^2 = \frac{(1+|g|^2)^{q-2}|g'|^2 \prod_{j=1}^{q}(1+|\alpha_j|^2)}{\prod_{j=1}^{q}|g-\alpha_j|^2 \log^2(\delta/|g,\alpha_j|^2)}.$$

对 $\rho = (q-2)/q$, 选取 δ, 使得引理 3.4 对每个 α_j 都成立, 于是

$$\Delta \log v^2 \geqslant \frac{4|g'|^2}{(1+|g|^2)^2}\left(q - 2 + \sum_{j=1}^{q}\left(\frac{2}{|g,\alpha_j|^2 \log^2(\delta/|g,\alpha_j|^2)} - \frac{q-2}{q}\right)\right)$$

$$= \frac{8|g'|^2}{(1+|g|^2)^2}\sum_{j=1}^{q}\frac{1}{|g,\alpha_j|^2 \log^2(\delta/|g,\alpha_j|^2)}.$$

对每个固定的 $z \in D_R$, 易知至多存在一个 j (记为 j_0) 不满足 $|g(z),\alpha_j| \geq \min_{k<l}|\alpha_k,\alpha_l|/2$, 所以存在正常数 C, 使得

$$\begin{aligned}\Delta \log v &\geq \frac{4|g'|^2}{(1+|g|^2)^2}\frac{1}{|g,\alpha_{j_0}|^2\log^2(\delta/|g,\alpha_{j_0}|^2)} \\ &\geq C\frac{|g'|^2}{(1+|g|^2)^2}\prod_{j=1}^{q}\frac{1}{|g,\alpha_j|^2\log^2(\delta/|g,\alpha_j|^2)} \\ &= Cv^2.\end{aligned}$$

由 Ahlfors-Schwarz 引理 ([30, 引理 8.11]), 命题得证.

因为函数 $\log(\delta x^2)/x^\eta$ ($1 \leq x < +\infty$) 是有界的, (3.2.11) 中的每个因子都可以用 $|g,\alpha_j|^{2\eta}$ 来替换 (当然要适当调整常数 C), 于是可得

$$\frac{|g'|}{1+|g|^2}\frac{1}{\prod_{j=1}^{q}|g,\alpha_j|^{1-\eta}} \leq \frac{CR}{R^2-|z|^2}. \tag{3.2.12}$$

$\square$

Fujimoto 的结果的证明: (反证) 假定 $\mathbb{R}^3$ 中非平坦的完备极小曲面 M 的 Gauss 映射不取 $q=5$ 个值 $\alpha_1,\ldots,\alpha_q$, 我们设 $\alpha_q=\infty$, 而且 M 双全纯于同胚于单位圆盘 D (可考虑 M 的万有覆叠), M 的 Weierstrass 表示函数为 f, g. 取正数 η: $q-6 < q\eta < q-4$, 并令 $\tau = 2/(q-2-q\eta)$, 在 $M' = \{z \mid g'(z) \neq 0\}$ 上定义新度量

$$d\sigma^2 = |f|^{2/(1-\tau)}\left(\frac{1}{|g'|}\prod_{j=1}^{q-1}\left(\frac{|g-\alpha_j|}{(1+|\alpha_j|^2)^{1/2}}\right)^{1-\eta}\right)^{2\tau/(1-\tau)}|dz|^2. \tag{3.2.13}$$

取定一个点 $a \in M'$, 因为 M' 上度量 $d\sigma^2$ 是平坦的, 存在圆盘 (D_R, 标准度量) 到 a 在 M' 上的邻域 ($U, d\sigma^2$) 之间的等距 Φ, 且 $\Phi(0) = a$, 取这样最大的 R, 为了方便起见, 下面将 D_R 上的函数 $g \circ \Phi$ 简记为 g, 由 (3.2.12) 得

$$R \leq C\frac{1+|g(0)|^2}{|g'(0)|}\prod_{j=1}^{q}|g(0),\alpha_j|^{1-\eta} < +\infty. \tag{3.2.14}$$

故存在点 ω_0: $|\omega_0| = R$, 使得 Γ: $\omega = t\omega_0$ ($0 \leq t < 1$), $\gamma := \Phi(\Gamma)$ 趋近于 M' 的边界 (当 $t \to 1$ 时), 假设 γ 趋近于点 $a_0 \in M - M'$, 在 a_0 点的邻域 V 上

取全纯的局部坐标 ζ 使得 $\zeta(a_0) = 0$, 于是我们可以用正的光滑函数 ω 来表示 $d\sigma^2 = |\zeta|^{-\tau/(1-\tau)}\omega|d\zeta|^2$, 因为 $\tau/(1-\tau) > 1$, 所以

$$R = \int_\Gamma d\sigma \geqslant C' \int_{\Gamma \cap V} \frac{1}{|\zeta|^{\tau/(1-\tau)}}|d\zeta| = +\infty,$$

与 (3.2.14) 矛盾. 同样地可以证明对任何序列 $t_n \to 1$, 都不可能有 $\gamma(t_n) \to a_0$, 所以 $\gamma(t)$ 在 M 的任何紧子集外都是发散的 ($t \to 1$ 时). 另一方面, 因为 $d\sigma^2 = |dz|^2$, 由 (3.2.13) 得

$$|f| = \left(|g'|\prod_{j=1}^{q-1}\left(\frac{(1+|\alpha_j|^2)^{1/2}}{|g-\alpha_j|}\right)^{1-\eta}\right)^\tau. \tag{3.2.15}$$

利用 (3.2.12) 得

$$\begin{aligned}
d(p) &\leqslant \int_\gamma ds \\
&= \int_\Gamma \Phi^* ds \\
&= \int_\Gamma |f|(1+|g|^2)|dz| \\
&= \int_\Gamma \left(|g'|(1+|g|^2)^{1/\tau}\prod_{j=1}^{q-1}\frac{(1+|\alpha_j|^2)^{(1-\eta)/2}}{|g-\alpha_j|^{1-\eta}}\right)^\tau |dz| \\
&= \int_\Gamma \left(\frac{|g'|}{1+|g|^2}\frac{1}{\prod_{j=1}^q |g,\alpha_j|^{1-\eta}}\right)^\tau |dz| \\
&\leqslant C'' \int_\Gamma \left(\frac{2R}{R^2-|z|^2}\right)^\tau |dz| < +\infty,
\end{aligned}$$

这与 M 的完备性矛盾, 结果证毕. □

注 3.1. Mo 和 Osserman ([52]) 推广了 Fujimoto 的结果: $\mathbb{R}^m$ 中具有无限全曲率的非平坦正规完备极小曲面, 至多存在 4 个点 α, 使得 $g^{-1}(\alpha)$ 是有限的. 由这个结果与 (6) 可以得到: 若 M 是 $\mathbb{R}^3$ 中非平坦的正规完备极小曲面, 其 Gauss 映射不取 4 个值, 则必取其他所有值无穷多次.

记 $k = \#(S^2 - g(M))$, 下面分别给出 $k = 1, 2, 3, 4$ 的完备极小曲面的例子.

(1) 当 $\Omega = \mathbb{C}$, $f = 1$, $g(z) = z$ 时 (Enneper 曲面), $k = 1$, 此时北极点属于 $S^2 - g(M)$.

(2) 当 M 是悬链面时, $k = 2$.

(3) 设互不相同的 $\omega_1, \ldots, \omega_{k-1} \in \mathbb{C}$, $\omega_k = \infty$, $\tilde{\Omega}$ 是 $\Omega = \mathbb{C} - \{\omega_1, \ldots, \omega_{k-1}\}$ 的万有覆叠, 且覆叠投影 $\varphi \colon \tilde{\Omega} \to \Omega$ 是全纯的. 定义 $f, g \colon \tilde{\Omega} \to \mathbb{C}$ 为

$$f(\zeta) = \frac{\varphi'(\zeta)}{\prod_{m=1}^{k-1} |\varphi(\zeta) - \omega_m|}, \quad g(\zeta) = \varphi(\zeta).$$

设 $\gamma \colon [0, a) \to \tilde{\Omega}$ 是发散曲线, $\beta = \varphi \circ \gamma$, 则

$$\begin{aligned}
L(\gamma) &= \int_\gamma |f|(1 + |g|^2)|d\zeta| \\
&= \int_0^a |f(\gamma(t))|(1 + |g(\gamma(t))|^2)|\gamma'(t)| dt \\
&= \int_0^a \frac{|\varphi'(\gamma(t))||\gamma'(t)|(1 + |\varphi(\gamma(t))|^2)}{\prod_{m=1}^{k-1} |\varphi(\gamma(t)) - \omega_m|} dt \\
&= \int_0^a \frac{(1 + |\beta(t)|^2)|\beta'(t)|}{\prod_{m=1}^{k-1} |\beta(t) - \omega_m|} dt \\
&= \int_\beta \frac{1 + |z|^2}{\prod_{m=1}^{k-1} |z - \omega_m|} |dz|.
\end{aligned}$$

当 $\beta(t) \to \omega_m$ $(t \to a)$ 时,

$$\frac{1 + |z|^2}{\prod_{m=1}^{k-1} |z - \omega_m|} \approx \frac{1}{|z - \omega_m|} \Longrightarrow L(\gamma) = \infty.$$

当 $\beta(t) \to \infty$ $(t \to a)$, $k \leqslant 4$ 时,

$$\frac{1 + |z|^2}{\prod_{m=1}^{k-1} |z - \omega_m|} \approx \frac{1}{|z|^{k-3}} \Longrightarrow L(\gamma) = \infty.$$

当集合 $\{\beta(t_n), t_n \to a, \forall \{t_n\}\}$ 在 $\mathbb{C} - \{\omega_1, \ldots, \omega_{k-1}\}$ 中至少有两个不同的聚点时, 存在紧集 $K \subset \mathbb{C} - \{\omega_1, \ldots, \omega_{k-1}\}$, 使得 $L(\beta \cap K) = \infty$. 但是 $(1 + |z|^2)/\prod_{m=1}^{k-1} |z - \omega_m|$ 在 $\beta \cap K$ 中有正的下界, 设其为 $c > 0$, 于是

$$L(\gamma) \geqslant c \int_{\beta \cap K} |dz| = cL(\beta \cap K) = \infty.$$

所以, 在各种情况下, 均有 $L(\gamma) = \infty$, 于是由 f, g 生成的极小曲面是完备的.

下面我们考虑反过来的一个问题.

问题: 给定 Ω (共形于 D 或 $\mathbb{C}$) 上的一个亚纯函数 g, 是否存在 Ω 上的一个全纯函数 f, 使得 (f, g) 可以给出某完备极小曲面的 Weierstrass 表示?

由 Fujimoto 的工作知, 若 $g: \Omega \to \mathbb{C} \cup \{\infty\}$ 不取 5 个点, 则 g 一定不是某完备极小曲面的 Gauss 映射.

我们还可以证明以下几类亚纯函数不可能是完备极小曲面的 Gauss 映射.

定义 3.4. 称亚纯函数 $g: D \to \mathbb{C} \cup \{\infty\}$ 为 **正规的**, 如果

$$\alpha_g \equiv \sup_{z \in D}(1 - |z|^2)\frac{|g'(z)|}{1 + |g(z)|^2} < \infty.$$

α_g 称为 g 的正规阶数.

注 3.2. (1) 如果 $\{g \circ T: T \in \mathrm{Aut}(D)\}$ 是正规集, 则 g 是正规的 (S. Montiel).

(2) 设 D 是 Poincaré 圆盘 (即带有曲率恒为 -1 的自然度量的单位开圆盘), 如果亚纯函数 $g: D \to \mathbb{C} \cup \{\infty\} \approx S^2$ 是到黎曼球的 (整体的) Lipschitz 函数, 则它是正规的, 而且其 Lipschitz 常数是 $\alpha_g/2$.

例 3.2. 若亚纯函数 $g: D \to \mathbb{C} \cup \{\infty\}$ 满足 $\#(S^2 - g(M)) \geqslant 3$, 则 g 正规.

定理 3.4. 设 M 是 $\mathbb{R}^3$ 中单连通的双曲的完备极小曲面, 则 M 的 Gauss 映射的正规阶数 α 满足 $\sqrt{2}/2 \leqslant \alpha \leqslant \infty$. 特别, 若 M 的曲率有界, 则 $1 \leqslant \alpha \leqslant \infty$.

证明: 设 M 的 Weierstrass 表示函数为 (f, g), 则其度量为 $ds^2 = \lambda^2 |dz|^2$, 其中 $\lambda = |f|(1 + |g|^2)/2$, 定义

$$\mu(z) = \frac{2}{1 - |z|^2}, \quad v(z) = \frac{\mu^p}{|f|^2(1 + |g|^2)^2}.$$

M 的内蕴 Laplace 算子是 $\Delta_M = \frac{1}{\lambda^2}\Delta$, 其中 $\Delta = \frac{\partial^2}{\partial x^2} + \frac{\partial^2}{\partial y^2}$, 于是 $\Delta_M v \geqslant 0$ 当且仅当 $\Delta v \geqslant 0$. 若

$$\alpha_g = \sup_{z \in D}(1-|z|^2)\frac{|g'(z)|}{1+|g(z)|^2} \leqslant \sqrt{\frac{p}{2}},$$

则有

$$\Delta \log v = p\mu^2 - \frac{8|g'|^2}{(1+|g|^2)^2} \geqslant 0. \tag{3.2.16}$$

另一方面, 若 $p < 1$, 则有

$$\int_M v dA = \frac{1}{4}\int_D v|f|^2(1+|g|^2)^2 dxdy = 2^{p-2}\int_D \frac{dxdy}{(1-|z|^2)^p} < \infty. \tag{3.2.17}$$

如果 $\alpha < \sqrt{2}/2$, 选择 $p < 1$, 得 $v \in L^1(M)$, 与定理 3.2 矛盾, 所以由 (3.2.16) 和 (3.2.17) 得 $\alpha \geqslant \sqrt{2}/2$.

下面设 M 的曲率是有界的, 即 $0 \geqslant K \geqslant -C$, 因为度量 $\mu C^{-1/2}$ 的曲率为 $-C$, 所以

$$\frac{1}{2}|f|(1+|g|^2) \geqslant \mu C^{-1/2}. \tag{3.2.18}$$

令

$$v_1(z) = \frac{\mu^p}{|f|^{2+p}(1+|g|^2)^{2+p}},$$

有

$$\Delta \log v_1 = p\mu^2 - (2+p)\frac{4|g'|^2}{(1+|g|^2)^2}. \tag{3.2.19}$$

若

$$\alpha_g = \sup_{z \in D}(1-|z|^2)\frac{|g'(z)|}{1+|g(z)|^2} \leqslant \sqrt{\frac{p}{p+2}},$$

则有 $\Delta \log v_1 \geqslant 0$, 又由 (3.2.18) 得, 对任意 $p > 0$, $\int_M v_1 ds < \infty$, 令 $p \to \infty$, 同前面的讨论, 得 $\alpha \geqslant 1$. $\square$

注: 有趣的是, 结论 $\alpha \geqslant 1$ 不依赖于曲率的下界. 同时我们也不能确定这个下界是否是最优的.

定义 3.5. 称解析函数 $g: D \to \mathbb{C}$ 是 **Bloch 函数**, 如果存在常数 c, 使得

$$|g'(z)| \leqslant \frac{c}{1-|z|}.$$

将满足上式的最小常数 c 记为 c_g.

注 3.3. Bloch 函数是正规函数. 因为

$$(1-|z|^2)\frac{|g'(z)|}{1+|g(z)|^2} \leqslant (1-|z|)(1+|z|)|g'(z)| \leqslant 2(1-|z|)|g'(z)| \leqslant 2c_g < \infty.$$

定理 3.5. Bloch 函数不可能是 $\mathbb{R}^3$ 中单连通的双曲的完备极小曲面的 Gauss 映射.

证明: 若是完备极小曲面 M 的 Gauss 映射, 设 M 的 Weierstrass 表示函数为 (f,g), 则度量 $|f|(1+|g|^2)|dz|$ 是完备的, 那么等价地有, 度量 $|f|(1+p^2|g|^2)|dz|$ ($\forall\ p > 0$) 也是完备的. 因 pg 是 Bloch 函数, $c_{pg} = pc_g$, 于是可以取充分小的 p, 使得

$$\alpha_{pg} \leqslant 2c_{pg} = 2pc_g < \sqrt{2}/2,$$

这样就与定理 3.4 矛盾. □

定义 3.6. 称 $g: D \to \mathbb{C} \cup \{\infty\}$ 是 **有界特征函数**, 如果存在 D 上无共同零点的解析函数 g_1, g_2: $|g_i| < 1$ ($i = 1, 2$), 使得 $g = g_1/g_2$.

定理 3.6. 有界特征函数不可能是 $\mathbb{R}^3$ 中单连通的双曲的完备极小曲面的 Gauss 映射.

证明: 设 $g = g_1/g_2$ 是有界特征函数, 类似于定理 3.4 的证明, 令 $v = g_2^4/f^2$, 由于 f 的零点与 g^2 的极点位置和重数相同, 则 v 是全纯的, 即有 $\Delta \log v = 0$. 另一方面,

$$\int_M |v| dA = \frac{1}{4} \int_D |v| |f|^2 (1+|g|^2)^2 dxdy$$
$$= \frac{1}{4} \int_D \frac{|g_2|^4}{|f|^2} |f|^2 \left(1 + \frac{|g_1|^2}{|g_2|^2}\right)^2 dxdy$$

$$= \frac{1}{4} \int_D (|g_1|^2 + |g_2|^2)^2 dxdy$$
$$\leqslant \mathrm{Area}(D)$$
$$< \infty,$$

与定理 3.2 矛盾. □

注 3.4. 几个未解决的问题:

1. 定理 3.4 中 α 的估计是否最佳?

2. 任意给定一全纯函数 $g: \mathbb{C} \to \mathbb{C} \cup \{\infty\}$, 它是否是某完备极小曲面的 Gauss 映射?

3. D 上亚纯函数是某完备极小曲面的 Gauss 映射的充要条件是什么?

本节最后, 我们利用 Gauss 映射来讨论完备极小曲面的平坦性.

著名的 Efimov 定理告诉我们, $\mathbb{R}^3$ 中任何负曲率的完备曲面一定满足 $\sup K = 0$, 而且很容易构造例子表明 K 不能在比较大的范围内趋近于零. 那么一个自然的问题是, 在什么条件下, 一个非正曲率的完备曲面的曲率 K 在比较大的范围内趋近于零? 在这里, 我们对极小曲面, 约束其 Gauss 映射, 得到一个肯定的结果, 即

定理 3.7. 设 M 是 $\mathbb{R}^3$ 中具有有界曲率的完备极小曲面, 如果其 Gauss 映射不取 3 个点, 则对任意的 $r, \varepsilon > 0$, 存在半径为 r 的测地球 $B(r)$, 使得 K 在 $B(r)$ 上满足 $K \geqslant -\varepsilon$.

证明: 我们只要证明在 M 的万有覆盖 $\tilde{M}$ 上成立就可以了. 事实上, 若 $\tilde{B}(r)$ 是 $\tilde{M}$ 上半径为 r 的测地球, 使得 K 在 $\tilde{B}(r)$ 上满足 $K \geqslant -\varepsilon$, 设 $\tilde{p}$ 是 $\tilde{B}(r)$ 的中心, p 是 $\tilde{p}$ 在 M 上的投影, 因为 M 是完备的, 所以在 M 上存在以 p 为中心的球 $B(r)$, $B(r)$ 可以看成从 p 出发长度不超过 r 的所有曲线的并, 由于这些曲线均提升到 $\tilde{B}(r)$ 以及投影是保持曲率的, 所以 K 在 $B(r)$ 上也满足 $K \geqslant -\varepsilon$.

由于 Gauss 映射不取 3 个点, 故 M 一定是双曲的, 所以其 Gauss 映

射可以定义在单位圆盘 D 上, 作适当的旋转, 使得北极点是 Gauss 映射不取的点, 因为 g 是解析的, 而不取两个点的解析函数是正规的, 所以 g 有 Fatou 点, 即边界 ∂D 上的点 $z_0 = e^{i\theta_0}$, 使得 g 在 z_0 点处有 (有限或无限的) 非切向极限, 设对应的三角形区域为 T.

我们知道, 若中心为 p 半径为 d 的测地球 $B(p,d)$ 上的 Gauss 映射与一个固定方向的夹角至少为 $\alpha > 0$, 则 $B(p,d)$ 上的曲率满足 ([59])

$$|K(p)| \leqslant \frac{1}{d^2}\frac{32}{\sin^4 \alpha}. \tag{3.2.20}$$

取 $\rho > r$ 使得

$$\frac{32}{(\rho-r)^2 \sin^4(\pi/4)} < \varepsilon. \tag{3.2.21}$$

因为当 z 在 T 中趋近于 z_0 时 $g(z)$ 的极限存在, 所以当 $z \in T$, $1-|z| < \delta$ 时, $g(z)$ 一定与球上的某固定方向的夹角至少为 $\pi/4$, 我们不妨假定 $K \geqslant -1$, 即度量 $\lambda = |f|(1+|g|^2)/2$ 优于双曲度量 $\mu = 2/(1-|z|^2)$, 则

$$B_\lambda(z,s) \subset B_\mu(z,s), \quad |z| < 1, \ s > 0,$$

其中 $B_\lambda(z,s)$, $B_\mu(z,s)$ 分别是在相应度量下中心为 z 半径为 s 的球. 取 $\eta < 1$, $1-\eta$ 充分小, 使得 $\{|z| > 1-\delta\} \supset B_\mu(\eta,\rho)$, $p \in B_\lambda(\eta,r)$, 则

$$B_\lambda(p,\rho-r) \subset B_\lambda(\eta,\rho) \subset B_\mu(\eta,\rho) \subset T \backslash \{|z| \leqslant 1-\delta\}.$$

任给 $p \in B_\lambda(\eta,r)$, 在 (3.2.20) 中令 $d = \rho-r$, $\alpha = \pi/4$ 并考虑到 (3.2.21) 得

$$|K(p)| \leqslant \frac{32}{(\rho-r)^2 \sin^4(\pi/4)} < \varepsilon.$$

定理证毕. □

第四章 Calabi 猜想

20 世纪 60 年代, Calabi ([5]) 提出以下两个猜想:

猜想 1 包含于 $\mathbb{R}^3$ 的半空间中的完备极小曲面一定是平面.

猜想 2 $\mathbb{R}^3$ 中的完备极小曲面是 $\mathbb{R}^3$ 中的无界子集.

1980 年, Jorge 和 Xavier [35] 构造了 $\mathbb{R}^3$ 位于两平行平面之间非平坦的完备极小曲面, 1996 年, Nadirashvili [53] 给出了包含在 $\mathbb{R}^3$ 中单位球中的完备极小曲面, 他们的例子说明了 Calabi 的两个猜想对浸入极小曲面均是错误的. 本章的主要目的是介绍复分析中的 Runge 逼近定理以及如何利用 Runge 定理来证明 Jorge-Xavier 和 Nadirashvili 的结果, 同时介绍一下 Calabi 猜想的最新进展.

§4.1 Runge 逼近定理

本节我们主要介绍 Runge 逼近定理, 其证明需要利用 Hann-Banach 定理、Riesz 表示定理和 Cauchy 公式.

定理 4.1. (**Hahn-Banach 定理**) 设 M 是线性赋范空间 X 的子空间, f

是 M 上的有界线性泛函, 则 f 可以延拓为 X 上的有界线性泛函 F, 满足 $\|f\| = \|F\|$.

证明: 首先假设 X 是实的线性赋范空间, f 是 M 上实的有界线性泛函, 如果 $\|f\| = 0$, 则 $F = 0$ 为其延拓, 所以不失一般性, 我们假定 $\|f\| = 1$.

取 $x_0 \in X$, $x_0 \notin M$, 令 $M_1 = \mathrm{span}\{M, x_0\} = \{x + \lambda x_0 \mid x \in M, \lambda \in \mathbb{R}\}$, $f_1(x + \lambda x_0) = f(x) + \lambda \alpha$, 其中 α 是任意固定的实数, 则 f_1 是 f 在 M_1 上的线性延拓. 下面需要选取合适的 α, 使得 $\|f_1\| = 1$, 即

$$|f(x) + \lambda \alpha| \leqslant \|x + \lambda x_0\| \quad (x \in M,\ \lambda \in \mathbb{R}). \tag{4.1.1}$$

用 $-\lambda x$ 代替上式中的 x, 并在上式两边同除以 $|\lambda|$, 则上式为

$$|f(x) - \alpha| \leqslant \|x - x_0\| \quad (x \in M), \tag{4.1.2}$$

即 $A_x \leqslant \alpha \leqslant B_x$, $\forall x \in M$, 其中

$$A_x = f(x) - \|x - x_0\|, \quad B_x = f(x) + \|x - x_0\|. \tag{4.1.3}$$

由此可知, 这样的 α 要存在, 当且仅当所有的闭区间有公共点, 当且仅当

$$A_x \leqslant B_y \quad (\forall\ x, y \in M). \tag{4.1.4}$$

于是由

$$f(x) - f(y) = f(x - y) \leqslant \|x - y\| \leqslant \|x - x_0\| + \|y - x_0\|$$

立得 (4.1.4) 成立. 至此我们已经证明了 f 在 M_1 上有线性延拓 f_1, 且 $\|f_1\| = \|f\| = 1$.

令 $\mathscr{P} = \{(M', f') \mid M \subset M' \subset X,\ f'\ 是\ f\ 在\ M'\ 上的实线性延拓,\ \|f'\| = 1\}$, 定义 $\mathscr{P}$ 上的偏序如下:

$$(M', f') \leqslant (M'', f'') \quad 当且仅当 \quad M' \subset M'',\ f'(x) = f''(x), \forall\ x \in M'.$$

因为 $(M, f) \in \mathscr{P}$, 所以 $\mathscr{P} \neq \emptyset$, 由 Hausdorff 极大性定理, $\mathscr{P}$ 存在极大的全序子集 Ω.

令 $\Phi = \{M' \mid (M', f') \in \Omega\}$, 则 Φ 是全序的, 所以 $\tilde{M} = \cup_{M' \in \Phi} M'$ 是 X 的子空间. 如果 $x \in \tilde{M}$, 则存在 $M' \in \Phi$, 使 $x \in M'$. 定义 $F(x) = f'(x)$, 其中 f' 是 $(M', f') \in \Omega$ 中的 f', 由偏序的定义知, 这样的 $F(x)$ 是确切定义的, 易知 F 是 $\tilde{M}$ 上的线性泛函, 且 $\|F\| = 1$. 如果 $\tilde{M}$ 是 X 的真子空间, 则由前面的证明知 F 还可以进一步延拓, 这与 Ω 的极大性矛盾, 所以 $\tilde{M} = X$.

如果 f 是复赋范线性空间 X 的子空间 M 上的复线性泛函, 令 $u = \operatorname{Re} f$, 则 u 可以延拓为 X 上的实线性泛函 U, 且 $\|U\| = \|u\|$, 定义

$$F(x) = U(x) - iU(ix) \quad (x \in X), \tag{4.1.5}$$

则 F 是 f 的复的线性延拓, 且 $\|F\| = \|U\| = \|u\| = \|f\|$. $\square$

由 Hahn-Banach 定理, 我们可以得到这样一个重要的结论:

定理 4.2. 设 M 是赋范线性空间 X 的线性子空间, $x_0 \in X$, 则 $x_0 \in \overline{M}$ 当且仅当 X 上不存在有界的线性泛函 f, 使得 $f(x) = 0, \forall x \in M$, 但 $f(x_0) \neq 0$ (即 X 上在 M 上消失的有界线性泛函一定也在 x_0 处消失).

证明: 若 $x_0 \in \overline{M}$, f 是 X 上有界的线性泛函, $f(x) = 0, \forall x \in M$, 则由 f 的连续性得 $f(x_0) = 0$.

反之, 假定 $x_0 \notin \overline{M}$, 则 $\exists \delta > 0$, 使得 $\|x - x_0\| > \delta, \forall x \in M$, 令 M' 是由 M 和 x_0 生成的子空间, 定义

$$f(x + \lambda x_0) = \lambda, \quad x \in M, \lambda \text{ 为常量}.$$

因为

$$\delta|\lambda| \leqslant |\lambda| \|\lambda^{-1} x + x_0\| = \|x + \lambda x_0\|,$$

即

$$|f(x + \lambda x_0)| = |\lambda| \leqslant \frac{1}{\delta} \|x + \lambda x_0\|,$$

所以 f 是 M' 上的线性泛函, 而且 $\|f\| \leqslant \delta^{-1}$, $f(x) = 0$, $\forall\, x \in M$, $f(x_0) = 1$, 由 Hahn-Banach 定理, f 可以延拓到 X 上, 矛盾. □

定理 4.3. (**Riesz 表示定理**) 如果 X 是局部紧的 Hausdorff 空间, 则 $C_0(X)$ 上每一个有界的线性泛函 Φ 可以用唯一的正则复 Borel 测度 μ 表示为

$$\Phi f = \int_X f d\mu, \quad \forall\, f \in C_0(X), \tag{4.1.6}$$

而且

$$\|\Phi\| = |\mu|(X). \tag{4.1.7}$$

证明:首先证明唯一性. 设 μ 是 X 上正则的复 Borel 测度, $\int f d\mu = 0$, $\forall\, f \in C_0(X)$, 由 Radon-Nikodym 定理, 存在 Borel 函数 h, $|h| = 1$, 使得 $d\mu = h d|\mu|$. 对 $C_0(X)$ 中的任意序列 $\{f_n\}$, 有

$$|\mu|(X) = \int_X (\overline{h} - f_n) d|\mu| \leqslant \int_X |\overline{h} - f_n| d|\mu|, \tag{4.1.8}$$

因为 $C_c(X)$ 在 $L^1(|\mu|)$ 中稠密, 所以可取序列 $\{f_n\}$, 使得当 $n \to \infty$ 时, (4.1.8) 式的右端趋近于零, 于是 $|\mu|(X) = 0$, 即 $\mu = 0$. 因为任意两个正则的复 Borel 测度的差仍是正则的复 Borel 测度, 所以我们证明了对每个 Φ, 至多只有一个 μ 与其对应, 唯一性得证.

下面证明存在性. 设 Φ 是 $C_0(X)$ 上的有界线性泛函, 不失一般性, 不妨设 $\|\Phi\| = 1$, 我们可以构造 $C_c(X)$ 上的正线性泛函 Λ, 使得

$$|\Phi(f)| \leqslant \Lambda(|f|) \leqslant \|f\| \quad (f \in C_c(X)), \tag{4.1.9}$$

其中 $\|f\|$ 为上确界范数. 一旦我们有了 Λ, 就可以得到正的 Borel 测度 λ, 且当 $\lambda < \infty$ 时, λ 是正则的, 实际上, 由 (4.1.9) 和

$$\lambda(X) = \sup\{\Lambda f: 0 \leqslant f \leqslant 1, f \in C_c(X)\},$$

得 $\lambda(X) \leqslant 1$. □

由 Hahn-Banach 定理、Riesz 表示定理和 Cauchy 公式, 我们可以证明下面的 Runge 定理.

定理 4.4. (Runge 定理) 设 $K \subset \mathbb{C}$ 是紧的, $\mathbb{C}\backslash K$ 是连通的, $\Omega\,(\supset K)$ 是开的, $f: \Omega \to \mathbb{C}$ 是全纯函数, 则 $\forall\,\varepsilon > 0$, 存在多项式 $P: \mathbb{C} \to \mathbb{C}$, 使得

$$|P(z) - f(z)| < \varepsilon, \quad \forall\, z \in K.$$

证明: 设 $C(K)$ 是 K 上的连续复函数构成的 Banach 空间 (取上确界范数), M 为 K 上复多项式函数的全体, 显然 $M \subset C(K)$. 由 Hahn-Banach 定理, 要使定理成立, 即 $f \in \overline{M}$, 必须要求 $C(K)$ 上的任意在 M 消失的有界线性泛函在 f 也消失, 再由 Riesz 表示定理, 我们要证明: 若 μ 是 K 上的复 Borel 测度, 使得当

$$\int_K P d\mu = 0 \quad (\forall\, P \in M) \tag{4.1.10}$$

时, 一定有

$$\int_K f d\mu = 0. \tag{4.1.11}$$

令

$$h(z) = \int_K \frac{d\mu(\zeta)}{\zeta - z}, \quad z \in \mathbb{C}\backslash K,$$

则 h 是 $\mathbb{C}\backslash K$ 上的全纯函数. 取 $r > 0$, 使得 $K \subset \Omega \subset C_r = \{z \mid |z| = r\}$. 由

$$\frac{1}{\zeta - z} = \frac{-1}{z\left(1 - \frac{\zeta}{z}\right)} = -\sum_{n=0}^{\infty} z^{-n-1} \zeta^n \quad (\zeta \in K,\ |z| > r),$$

所以由 (4.1.10) 式得, 在 $\mathbb{C}\backslash K$ 上,

$$\begin{aligned} h(z) &= -\int_K \left(\sum_{n=0}^{\infty} z^{-n-1} \zeta^n\right) d\mu(\zeta) \\ &= -\lim_{N\to\infty} \int_K \left(\sum_{n=0}^{N} z^{-n-1} \zeta^n\right) d\mu(\zeta) \\ &= 0, \end{aligned}$$

即在 $\mathbb{C}\backslash K$ 上, $h \equiv 0$. 由于 f 是 Ω 上的全纯函数, 故在 $\Omega\backslash K$ 上存在闭道路 Γ, 使得

$$f(z) = \frac{1}{2\pi i} \int_\Gamma \frac{f(\omega)}{\omega - z} d\omega,$$

于是, 由 Fubini 定理得

$$\begin{aligned}\int_K f(\zeta)d\mu(\zeta) &= \int_K d\mu(\zeta) \left[\frac{1}{2\pi i}\int_\Gamma \frac{f(\omega)}{\omega - \zeta}d\omega\right] \\ &= \frac{1}{2\pi i}\int_\Gamma f(\omega)d\omega \int_K \frac{d\mu(\zeta)}{\omega - \zeta} \\ &= -\frac{1}{2\pi i}\int_\Gamma f(\omega)h(\omega)d\omega \\ &= 0.\end{aligned} \qquad \square$$

注 4.1. (1) K 可以是不连通的.

(2) 当 $\mathbb{C}\backslash K$ 不连通时, 定理不真. 例如:

$$K = \{z \mid |z| = 1\}, \quad \Omega = \{z \mid 1/2 < |z| < 2\}, \quad f: \mathbb{C}\backslash\{0\} \to \mathbb{C}, \ z \mapsto 1/z,$$

则 $f|_K$ 不能被多项式一致逼近, 否则,

$$0 \neq 2\pi i = \int_{|\zeta|=1} \frac{1}{\zeta} = \int_K f = \lim_{n\to\infty} \int_{|\zeta|=1} P_n(\zeta) d\zeta = 0.$$

矛盾.

(3) 利用 Runge 定理可以构造给定性质的全纯函数, 从而可以构造给定性质的极小曲面. 例如: 设 $f_i = i$ 在 K_i 上 $(i = 1, 2)$, $K = K_1 \cup K_2$, 且 $\mathbb{C}\backslash K$ 连通, 则由唯一延拓原理, 不存在 $\mathbb{C}$ 上的全纯函数 f, 使得 $f|_{K_1} = 1$, $f|_{K_2} = 2$. 但由 Runge 定理, 存在 $\mathbb{C}$ 上的多项式函数 P, 使得

$$|P(z) - 1| < \varepsilon, \quad z \in K_1; \quad |P(z) - 2| < \varepsilon, \quad z \in K_2.$$

下面我们把定理 4.4 推广到可数多个互不相交的紧集的情形. 设 K_1, $K_2, \ldots, K_n, \ldots$ 是 $\mathbb{C}$ 中互不相交的紧集, 于是存在开集 $D_1, D_2, \ldots, D_n, \ldots$

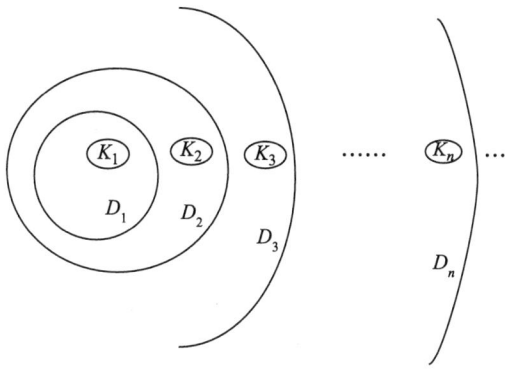

图 4.1.1

(图 4.1.1), 使得

$$K_i \subset D_i, \quad \mathbb{C}\backslash K_i \text{ 连通}.$$
$$\overline{D_i} \cap \overline{\bigcup_{j \geq i+1} K_j} = \emptyset,$$
$$\bigcup_{j=1}^n K_j \subset D_n, \quad \mathbb{C} - (D_n \cup K_{n+1}) \text{ 连通}.$$

设 $f_1, f_2, \ldots, f_n, \ldots$ 是全纯函数序列, 其中 f_j 定义在 K_j 的邻域上, 由定理 4.4, 存在多项式 P_1, 使得

$$|P_1(z) - f_1(z)| < \varepsilon, \quad z \in K_1.$$

再对 $D_1 \cup K_2$ 上的函数 (在 D_1 上取值 P_1, 在 K_2 上取值 f_2) 用定理 4.4, 存在多项式 P_2, 使得

$$\begin{cases} |P_2(z) - P_1(z)| < \dfrac{\varepsilon}{2}, & z \in \overline{D_1}; \\ |P_2(z) - f_2(z)| < \dfrac{\varepsilon}{2}, & z \in K_2. \end{cases}$$

如此继续下去, 得到多项式 $\{P_n \colon \mathbb{C} \to \mathbb{C}\}$, 使得

$$\begin{cases} |P_n(z) - P_{n-1}(z)| < \dfrac{\varepsilon}{2^{n-1}}, & z \in \overline{D_{n-1}}; \\ |P_n(z) - f_n(z)| < \dfrac{\varepsilon}{2^{n-1}}, & z \in K_n. \end{cases}$$

∀ $\varepsilon > 0$, 由于

$$|P_n(z) - P_m(z)| = \Big|\sum_{k=m}^{n-1}(P_{k+1}(z) - P_k(z))\Big| \leqslant \sum_{k=m}^{n-1}|P_{k+1}(z) - P_k(z)| < \varepsilon \sum_{k=m}^{n-1}\frac{1}{2^k}$$

可以充分小, 只要 n, m 充分大, 所以 $\{P_n(z)\}$ 在任意紧集上一致收敛, 设 $\lim_{n\to\infty} P_n(z) = f(z)$, 则

$$|f(z) - f_n(z)| \leqslant \varepsilon, \quad z \in K_n, \ n = 1, 2, \ldots.$$

即定理 4.4 可推广到可数多个互不相交的紧集的情形.

§4.2 Calabi 猜想

本节我们首先利用 Runge 定理来证明 Jorge-Xavier 的结果.

定理 4.5. ([35]) 在两个平行平面之间存在非平面的完备极小曲面.

证明: 考虑 D 上的 Weierstrass 表示

$$\begin{cases} I_1(z) = \mathrm{Re}\, \dfrac{1}{2}\int_0^z f(1 - g^2), \\ I_2(z) = \mathrm{Re}\, \dfrac{i}{2}\int_0^z f(1 + g^2), \\ I_3(z) = \mathrm{Re}\, \int_0^z fg, \end{cases}$$

其中 f 没有零点, $g = 1/f$. 于是 $I_3(z) = \mathrm{Re}\, z = x$, $|I_3(z)| \leqslant 1$, 即所得曲面落在两个平行平面之间.

下面构造合适的 f, 使得度量 $|\lambda(z)|dz = \frac{1}{2}|f|(1 + |g|^2)dz$ 是完备的. 设 $\gamma: [0, a) \to D\ (a \leqslant \infty)$ 是以弧长为参数的任意发散曲线, 则其在曲面度量 $|\lambda(z)|dz$ 下的长度为

$$L(\gamma) = \frac{1}{2}\int_\gamma \Big(|f| + \frac{1}{|f|}\Big)ds \geqslant \int_\gamma ds = L_E(\gamma) \quad (\gamma \text{ 的欧氏长度}).$$

由上式知, 当 $L_E(\gamma) = \infty$ 时, 也有 $L(\gamma) = \infty$, 所以要使度量 $|\lambda(z)|dz$ 是完备的, 只要构造 $f: |f| > 0$, 使得

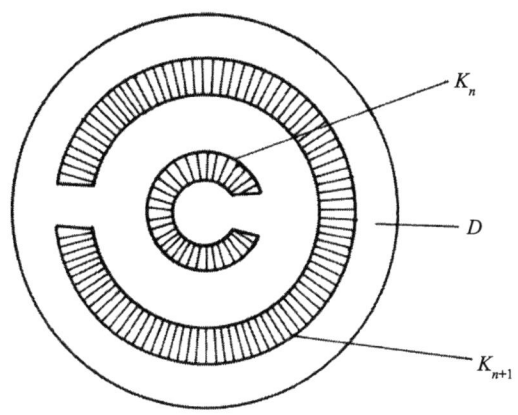

图 4.2.1

(∗) 对所有的发散曲线 γ, 当 $L_E(\gamma) < \infty$ 时, 也有 $L(\gamma) = \infty$.

要使 (∗) 成立, 我们只要构造 f: $|f| > 0$, 使得

(∗∗) 对所有的发散曲线 γ, 当 $L_E(\gamma) < \infty$ 时, 有 $\int_\gamma |f| = \infty$.

下面构造 f 满足 (∗∗). 考虑 D 的紧子集 $\{K_n, n = 1, 2, \ldots\}$ 如下 (见图 4.2.1):

K_n 是带有小缺口的环, $\mathbb{C}\backslash K_n$ 是连通的, 当 n 为奇数时, 缺口朝右; 当 n 为偶数时, 缺口朝左. K_n 的厚度为 r_n, 且 $r_n \to 0$.

利用 Runge 定理的推广情形, 存在一全纯函数 $h: D \to \mathbb{C}$, 使得

$$|h(z) - c_n| \leqslant 1, \quad z \in K_n,$$

其中 c_n 待定. 令 $f = e^h \neq 0$, 下面证明 f 满足 (∗∗). 若 γ 是发散曲线, 且 $L_E(\gamma) < \infty$, 则存在 $m \geqslant 1$, 使得 (否则 γ 就有无穷欧氏长度)

$$\gamma \cap K_n \neq \emptyset, \quad \forall\, n \geqslant m,\ n\ \text{为奇数},$$

或

$$\gamma \cap K_n \neq \emptyset, \quad \forall\, n \geqslant m,\ n\ \text{为偶数}.$$

不失一般性，我们考虑第一种情形。设 $J_n = \{s \in [0,a): \gamma(s) \in K_n\}$，则

$$\int_\gamma |f|ds = \int_0^a |f(\gamma(s))|ds \geqslant \sum_{n \geqslant m, n \text{ 奇}} \int_{J_n} |f(\gamma(s))|ds.$$

考虑到 J_n 的长度 $|J_n| \geqslant r_n$ 以及 $|h(z) - c_n| \leqslant 1, z \in K_n$，有

$$\int_\gamma |f|ds \geqslant \sum_{n \geqslant m, n \text{ 奇}} \int_{J_n} |e^{h(\gamma(s))}|ds$$

$$= \sum_{n \geqslant m, n \text{ 奇}} e^{c_n} \int_{J_n} |e^{h-c_n}|ds$$

$$\geqslant \sum_{n \geqslant m, n \text{ 奇}} e^{c_n} e^{-1} \int_{J_n} ds$$

$$\geqslant \sum_{n \geqslant m, n \text{ 奇}} e^{c_n - 1} r_n.$$

取 c_n 使得 $\sum_1^\infty e^{c_n - 1} r_n$ 发散，如取 $c_n = 1 - \log r_n$，则 f 满足 $(**)$。 $\square$

注 4.2. Miranda [51] 证明了包含于 $\mathbb{R}^3$ 的半空间中整体面积极小的曲面是平面.

注 4.3. Lawson [38] 构造了夹在两平行平面之间的完备常平均曲率曲面.

注 4.4. 虽然 Calabi 的原始猜想是错误的，但在一些附加条件下还是成立的，如:

(1) 1984 年，Xavier 证明了当曲率有界时，猜想 1 是对的 (见定理 5.19).

(2) 1990 年，Hoffman 和 Meeks 证明了当曲面是逆紧时，猜想 1 也是对的, 这说明 Jorge 和 Xavier 构造的例子不是逆紧的.

(3) 2008 年，Colding 和 Minicozzi 证明了当曲面是嵌入圆盘时，猜想 1 是对的 (见推论 4.3).

1996 年，Nadirashvili 利用 [35] 中的方法证明了猜想 2 也是错误的，他证明了

定理 4.6. ([53]) 存在极小浸入到 $\mathbb{R}^3$ 中单位球的具有负 Gauss 曲率的完备曲面.

证明: 归纳定义极小浸入序列 $I_n\colon D_1 \to \mathbb{R}^3$ 如下:

$$I_1\colon (D_1, |dz|) \to \mathbb{R}^3, \quad K_{I_1} < 0, \quad I_1(0) = 0,$$

其中 (D_1, S_{I_1}) 是半径为 1 的圆盘. 设 $\{\varepsilon_n\}_1^\infty$ 是正数序列且满足 $\varepsilon_n \to 0\ (n \to \infty)$, 取 $\varepsilon = \varepsilon_n$, $s = 1/n$, 在引理 4.2 中令 $I = I_{n-1}$, 得到极小浸入 $\tilde{I}$, 令 $I_n = \tilde{I}$, 于是得到极小浸入序列 I_n, 满足

(1) 在开圆盘 D_1 上, $I_n \to \varphi\ (n \to \infty)$ 且 $\varphi\colon D_1 \to \mathbb{R}^3$ 是极小浸入, $K_\varphi < 0$.

(2) $I_n\colon D_1 \to B_{r_n} \subset \mathbb{R}^3$, 其中 $r_n \leqslant r_{n-1} + \frac{1}{n^2}$, 所以 $r_n \leqslant 2\ (\forall\ n)$.

(3) (D_1, S_{I_n}) 是半径为 ρ_n 的测地圆盘, 其中 $\rho_n = \sum_{j=1}^n \frac{1}{j}$.

取 $\{\varepsilon_n\}$ 使得 $\{\varepsilon_n\}$ 充分快地收敛于 0, 则 (D_1, S_φ) 完备. □

下面我们来证明引理 4.2, 在证明之前我们先要证明下面的引理:

引理 4.1. 设 $E_1, E_2 \subset D_1 \subset \mathbb{C}$ 是两个不相交的紧集, 且它们的补集均是连通的, g 是 $D_{1+\varepsilon_0}\ (\varepsilon_0 > 0)$ 上的亚纯函数, 且在 D_1 上, $g' \neq 0$, $T > 1$, 则存在 D_1 上的全纯函数 $h(z) = h[T, E_1, E_2, g](z)$, $h(z) \neq 0$, 使得

$$|1 - h(z)| < \frac{1}{T}, \quad z \in E_1, \qquad |T - h(z)| < \frac{1}{T}, \quad z \in E_2,$$
$$\left(\frac{g}{h}\right)'(z) \neq 0, \quad z \in D_1.$$

证明: 存在不相交的 Jordan 域 $E_1', E_2' \subset D_1$, 使得 $E_1 \subset\subset E_1'$, $E_2 \subset\subset E_2'$, 由 Runge 定理, $\forall\ \varepsilon_1 > 0$, 存在 $\mathbb{C}$ 上全纯函数 ω, 使得

$$|\omega(z)| < \varepsilon_1, \quad z \in E_1',$$
$$|\omega(z) - \log T| < \varepsilon_1, \quad z \in E_2'.$$

于是在 $E_1 \cup E_2$ 上, $\omega' \to 0\ (\varepsilon_1 \to 0)$, 又因为 $g'/g \neq 0$, 所以可以取充分小的正数 ε_1, 使得在 $E_1 \cup E_2$ 上 $d := \omega' - \frac{g'}{g} \neq 0$, 由于 d 的零点和极点集是离散的, 所以存在 Jordan 域 $E \subset D_1$, 使得 $E_1, E_2 \subset E$, 且

$$d(z) \neq 0,\ z \in E, \quad \frac{1}{d(z)} \neq 0,\ z \in \partial E. \tag{4.2.1}$$

令 $q = g/g'$，则 q 是 $D_{1+\varepsilon_0}$ 上的全纯函数，设其在 D_1 中的零点为 $z_1, \ldots, z_n$，它们的阶数分别是 $k_1, \ldots, k_n$，又 $1/d$ 是 E 上的全纯函数，由 Walsh 定理，$\forall\, \delta > 0$，存在 D_1 上的全纯函数 $S_\delta(z)$，使得

$$\begin{aligned}&|S_\delta(z) - \tfrac{1}{d}| < \delta, \quad z \in E, \\ &|S_\delta(z) + q(z)| = o(|z - z_i|^{k_i}), \quad z \to z_i,\ i = 1, \ldots, n.\end{aligned} \quad (4.2.2)$$

令 $y = \frac{1}{S_\delta} + \frac{1}{q}$，则在 D_1 上，y 全纯，且 $y - \frac{g'}{g} \neq 0$，又由 (4.2.1) 得

$$\begin{aligned}&|\tfrac{1}{S_\delta} - d|(z) \to 0, \quad \delta \to 0,\ z \in \partial E, \\ &|y - \omega'|(z) \to 0, \quad \delta \to 0,\ z \in E.\end{aligned} \quad (4.2.3)$$

取 $z_0 \in E_1$，令 $\omega_1(z) = \int_{z_0}^{z} y(s)ds$，由 (4.2.3)，对充分小的 $\delta > 0$，有

$$\begin{aligned}&|\omega_1(z)| < 2\varepsilon, \quad z \in E_1, \\ &|\omega_1(z) - \log T| < 2\varepsilon, \quad z \in E_2.\end{aligned}$$

令 $h(z) = e^{\omega_1(z)}$，则在 D_1 上，

$$\left(\frac{g}{h}\right)' = \frac{g' - \omega_1' g}{h} = \frac{g' - yg}{h} = -\frac{g}{h} \cdot \left(y - \frac{g'}{g}\right) \neq 0,$$

且对充分小的 ε，我们有

$$|1 - h(z)| < \frac{1}{T}, \quad z \in E_1, \qquad |T - h(z)| < \frac{1}{T}, \quad z \in E_2. \qquad \square$$

引理 4.2. 设 $I \in C^\infty(\overline{D}, \mathbb{R}^3)$，$I: D_1 \to B_r \subset \mathbb{R}^3$ $(r > 0)$ 是极小浸入，且 $K_I < 0$，$I(0) = 0$，设 (D_1, S_I) 是中心在 0，半径为 ρ 的测地圆盘，S_I 是诱导的度量，则 $\forall\, \varepsilon > 0,\ s > 0$，存在极小浸入 $\tilde{I}: D_1 \to B_R \subset \mathbb{R}^3$，其中 $R = \sqrt{r^2 + s^2} + \varepsilon$，使得 $(D_1, S_{\tilde{I}})$ 是半径为 $\rho + s$ 的测地圆盘，且在 $D_{1-\varepsilon}$ 上，$K_{\tilde{I}} < 0$，$|I - \tilde{I}| < \varepsilon$.

证明：首先我们来作单位圆盘 D_1 的 N 划分，令 $N \in \mathbb{N}$，$r_i = 1 - \frac{i}{N^3}$，$i = 0, \ldots, 2N^2 + 1$，

$$A_i = D_{r_{2i}} \setminus D_{r_{2i+1}}, \quad B_i = D_{r_{2i-1}} \setminus D_{r_{2i}}, \quad U = D_1 \setminus D_{r_{2N^2+1}},$$

$$A = \bigcup_{i=0}^{N^2} A_i, \quad B = \bigcup_{i=0}^{N^2} B_i, \quad S = \bigcup_{i=0}^{2N^2} S_{r_i}.$$

令 $l_\theta = \alpha e^{i\theta}$ $(\alpha > 0)$ 是 $\mathbb{C}$ 中的射线,

$$l = \bigcup_{i=0}^{N} l_{2\pi i/N}, \quad \tilde{l} = \bigcup_{i=0}^{N} l_{(2i+1)\pi/N},$$

$$L = l \cap A, \quad \tilde{L} = \tilde{l} \cap B, \quad H = S \cup L \cup \tilde{L},$$

$$P = U\left[\frac{1}{4N^3}\right](H), \quad \Omega = U \backslash P, \quad s_i = l_{i\pi/N} \cap U,$$

$$\omega_j = s_j \cap \{\Omega \text{ 中与 } s_j \text{ 相交的那些分支}\}, \quad j = 1, \ldots, 2N,$$

其中 $U[\varepsilon](H)$ 表示 H 的 ε 邻域. 若 γ 是 $D_1 \backslash \Omega$ 中从 0 到 S_1 的连续曲线, 则 γ 的长度为

$$L(\gamma) > 10N.$$

设 h 是 D_1 上的连续函数, 且在 D_1 上 $h \geqslant 1$, 在 Ω 上 $h \geqslant N^4$, σ 是 D_1 中连结 0 与 S_1 的光滑曲线, 则

$$\int_\sigma h \, ds > N, \tag{4.2.4}$$

其中 ds 是 σ 的弧长微分. 设 $G: D_1 \to S^2$ 是极小曲面 I 的 Gauss 映射, 因为 I 在 $\overline{D_1}$ 上连续, 于是 $\forall \delta > 0$, $\exists N = N(\delta)$, 使得对 D_1 的 N 划分中的 ω_i, 有

$$\mathrm{diam}(G(\omega_i)) < \delta, \quad i = 1, \ldots, 2N.$$

下面我们来归纳定义 $F_n: D_1 \to \mathbb{R}^3$ $(n = 0, \ldots, 2N^3 = K)$, $F_0 = I$, 若 F_{i-1} 已经定义了, 取 $q_i \in S_1$, 使得

$$\mathrm{dist}(q_i, G(\omega_i)) = \frac{1}{\sqrt{N}}. \tag{4.2.5}$$

设向量 q_i 的方向是 x_3 轴, F_{i-1} 的 Weierstrass 表示是 (f, g), 由引理 4.1 得

$$h = h\left[T, D_1 \backslash U\left[\frac{1}{4N^3}\right](\omega_i), \omega_i, g\right],$$

使得

$$|1 - h(z)| < \frac{1}{T}, \quad z \in D_1 \backslash U\left[\frac{1}{4N^3}\right](\omega_i), \tag{4.2.6}$$

$$|T - h(z)| < \frac{1}{T}, \quad z \in \omega_i,$$
$$\left(\frac{g}{h}\right)'(z) \neq 0, \quad z \in D_1.$$

令 $\tilde{f} = fh$, $\tilde{g} = g/h$, 则 $(\tilde{f}, \tilde{g})$ 也可以决定一个极小曲面, 设其为 $\tilde{I}$, 令 $F_i = \tilde{I}$, 则

$$\pi(F_i) = \pi(F_{i-1}), \tag{4.2.7}$$

其中 π 是 $\mathbb{R}^3$ 中沿 x_3 轴的正交投影, 如果 $K_{F_{i-1}} < 0$, 则 $K_{F_i} < 0$. 若设 F_i 上的度量 $g_{F_i} = a|dz|$, 则 $a \geqslant |f| \max\{|h|, |g|/|h|\}$, 于是

$$a(z) \to \infty, \quad T \to \infty, z \in \omega_i,$$
$$g_{F_i}(z) \to g_{F_{i-1}}(z), \quad T \to \infty, z \in D_1 \backslash U\left[\frac{1}{4N^3}\right](\omega_i).$$

由 (4.2.1) 得

$$a(z) \geqslant \frac{1}{4\sqrt{N}}, \quad z \in U\left[\frac{1}{4N^3}\right](\omega_i)\backslash\omega_i.$$

再由 (4.2.4), 对充分大的 T, 关于度量 (D_1, g_{F_n}), 0 到 S_1 的距离大于等于 $\sqrt{N}/4$. 令 d 是 (D_1, g_{F_n}) 中的中心为 0 半径为 $\rho + s$ 的测地圆盘, 由 $K_{F_n} \leqslant 0$ 知 ∂d 是 D_1 中的 C^∞ 曲线, 当 N 充分大时, 有

$$D_{1-\varepsilon} \subset d, \tag{4.2.8}$$

$$|I - F_n|(z) < \varepsilon, \quad z \in D_{1-\varepsilon}. \tag{4.2.9}$$

令 $\eta \in \partial d$, 若 $\eta \in D_1 \backslash \cup_{i=1}^{K} U[\frac{1}{4N}](\omega_i)$, 则

$$F_K(\eta) = I(\eta) + o(1) \quad (T \to \infty). \tag{4.2.10}$$

若存在 j, $1 \leqslant j \leqslant K$, 使得 $\eta \in U[\frac{1}{4N}](\omega_j)$, 则由 (4.2.7) 得

$$F_K(\eta) = I(\eta) + tp(\eta) + o(1) \quad (T \to \infty), \tag{4.2.11}$$

其中 $t = t(N, T) \in \mathbb{R}$, $\langle p(\eta), q_j \rangle = 0$, 由 (4.2.5) 得

$$\langle I(\eta), q_j \rangle \to 0 \quad (N \to \infty). \tag{4.2.12}$$

由 (4.2.8) 和 (4.2.9) 得

$$\limsup_{N\to\infty, T\to\infty} t(N,T) \leqslant s,$$

于是由 $|I(\eta)| \leqslant r$ 以及 (4.2.10)–(4.2.12) 得

$$\limsup_{N\to\infty, T\to\infty} |F_K(\eta)| \leqslant \sqrt{r^2+s^2}.$$

令 $\omega: D_1 \to d$ 是全纯映射, 满足 $\omega(0)=0$, $\omega'(0)>0$, 再令 $\tilde{I}=F_K\circ\omega$. $\forall\, \varepsilon>0$ 和充分大的 N, 由关于共形映射序列收敛的 Caratheodory 定理和 (4.2.3) 得, 在 $D_{1-\varepsilon}$ 上, $|I-\tilde{I}|<\varepsilon$. □

注 4.5. Lopez, Martin 和 Morales 讨论了其他拓扑型的极小曲面 (见 [40–42]). 另外, 受 Nadirashvilis 例子的影响, 2004 年, Martin 和 Morales [43] 构造了逆紧 (proper) 浸入到开球中的有界完备极小曲面, 2005 年, 他们推广了这个结果, 证明了 $\mathbb{R}^3$ 中任何凸体中都存在逆紧的完备极小曲面 [44].

§4.3 Calabi 猜想的最新进展

由上节我们知道, 浸入情形的 Calabi 猜想是错误的, 但在 2008 年, Colding 和 Minicozzi [19] 证明了当极小曲面是嵌入时, Calabi 猜想是正确的. 其主要思想就是要证明嵌入极小圆盘是逆紧的, 因为 $\mathbb{R}^3$ 中逆紧的极小曲面是无界的. 本节我们来简单介绍这个结果.

在本节中, 令 x_1, x_2, x_3 是 $\mathbb{R}^3$ 中的标准坐标, 对 $y\in\Sigma\subset\mathbb{R}^3$ 和 $s>0$, $B_s(y)$ 和 $\mathscr{B}_s(y)$ 分别表示外蕴和内蕴的球, $\mathrm{dist}_\Sigma(\cdot,\cdot)$ 表示 Σ 中的内蕴距离, $\Sigma_{y,s}$ 表示 $B_s(y)\cap\Sigma$ 中包含 y 的分支.

首先我们需要两个引理:

引理 4.3. ([14, 推论 0.4]) 存在常数 $c>1$ 和 $\varepsilon>0$, 使得: 设 Σ_1,Σ_2 是 $B_{cR}\subset\mathbb{R}^3$ 中两个不相交的嵌入极小曲面, 且 $\partial\Sigma_i\subset\partial B_{cR}$, $B_{\varepsilon R}\cap\Sigma_i\neq\emptyset$, 如

果 Σ_1 是一个圆盘,则对 $B_R \cap \Sigma_1$ 的与 $B_{\varepsilon R}$ 相交的所有分支 Σ_1',成立

$$\sup_{\Sigma_1'} |A|^2 \leqslant R^{-2}. \tag{4.3.1}$$

引理 4.4. ([19, 命题 1.1]) 存在常数 $\delta_1 > 0$,如果 $\Sigma \subset \mathbb{R}^3$ 是一个嵌入极小圆盘,则对 $\Sigma \backslash \partial \Sigma$ 中所有内蕴球 $\mathscr{B}_R(x)$,$B_{\delta_1 R}(x) \cap \Sigma$ 包含 x 的分支 $\Sigma_{x,\delta_1 R}$ 满足

$$\Sigma_{x,\delta_1 R} \subset \mathscr{B}_{R/2}(x). \tag{4.3.2}$$

由引理 4.3 和引理 4.4,我们可以证明

定理 4.7. 存在常数 $C > 0$,如果 $\Sigma \subset \mathbb{R}^3$ 是一个嵌入极小圆盘,$\mathscr{B}_{2R} = \mathscr{B}_{2R}(0)$ 是 $\Sigma \backslash \partial \Sigma$ 中半径为 $2R$ 的内蕴球,且 $\sup_{\mathscr{B}_{r_0}} |A|^2 > r_0^{-2}$,其中 $R > r_0$,则 $\forall x \in \mathscr{B}_R$,有

$$C\mathrm{dist}_{\Sigma}(x,0) < |x| + r_0. \tag{4.3.3}$$

证明: 令 $c > 1$ 和 $\varepsilon > 0$ 是引理 4.3 中的常数,$\delta_1 > 0$ 是引理 4.4 中的常数,$x \in \mathscr{B}_R(0)$,Σ_0 和 Σ_x 分别是 $B_{\frac{c(|x|+r_0)}{\varepsilon}} \cap \Sigma$ 中包含 0 和 x 的分支.

如果 $\frac{2c(|x|+r_0)}{\delta_1 \varepsilon} > R$,则 (4.3.3) 自然成立. 如果 $\frac{2c(|x|+r_0)}{\delta_1 \varepsilon} \leqslant R$,由引理 4.4,有

$$\Sigma_0 \subset \mathscr{B}_{\frac{c(|x|+r_0)}{\delta_1 \varepsilon}}(0). \tag{4.3.4}$$

又因为 $B_{c(|x|+r_0)/\varepsilon} \subset B_{2c(|x|+r_0)/\varepsilon}(x)$,由三角不等式得

$$\Sigma_x \subset \mathscr{B}_{\frac{c(|x|+r_0)}{\delta_1 \varepsilon}}(x). \tag{4.3.5}$$

另一方面,因为嵌入极小圆盘 $\Sigma_0, \Sigma_x \subset B_{c(|x|+r_0)/\varepsilon}$ 以及 $0, x \in B_{c(|x|+r_0)}$,所以 Σ_0 和 Σ_x 与 $B_{c(|x|+r_0)}$ 相交, (4.3.4) 和 (4.3.5) 表明 Σ_0 和 Σ_x 是紧的,而

且它们的边界包含于 $\partial B_{c(|x|+r_0)/\varepsilon}$, 由引理 4.3, 曲率下界的假设表明只有一个分支满足这些性质, 即 $\Sigma_0 = \Sigma_x$, 于是

$$\Sigma_x \subset \mathscr{B}_{\frac{c(|x|+r_0)}{\delta_1 \varepsilon}}(0),$$

即 (4.3.3). □

如果 Σ 是平坦的, 即 Σ 是平面时, Σ 显然是逆紧的 (proper); 如果 Σ 不是平坦的, 则存在 $r_0 > 0$, 使得 $\sup_{\mathscr{B}_{r_0}} |A|^2 > r_0^{-2}$, 由定理 4.7, Σ 也是逆紧的, 于是我们有

推论 4.1. $\mathbb{R}^3$ 中嵌入极小圆盘一定是逆紧的.

证明思路: 分为如下三步.

(1) 若曲面在某球中是紧的, 证明在该球中有好的弦弧 (chord arc) 界 (内蕴距离与外蕴距离比值的上下界).

(2) 证明: 如果曲面与某种大小的所有球的交的每个分支都是紧的, 则与半径为其两倍的欧氏球的交也是紧的.

设给定圆盘与半径为 r 的所有欧氏球的交都是紧的, 而且有好的弦弧界, 下面证明这些对半径为 $2r$ 的所有欧氏球也成立. 否则, 存在位于 $B_{2r} \cap \Sigma$ 的同一个分支中的两点 x, y, 使得 $\mathrm{dist}_\Sigma(x, y) \geqslant Cr$, 其中 C 为一个比较大的常数. 设 γ 是 $B_{2r} \cap \Sigma$ 中连接 x 和 y 的内蕴的测地线, 划分 γ, 一定存在 γ 上的两个点 x_0 和 y_0, 使得它们之间内蕴距离比较大, 而外蕴距离很小. 由于 $B_r(x_0) \cap \Sigma$ 的每个分支都是紧的, 并由第一步知这些分支有好的弦弧界, 所以 x_0 和 y_0 在不同的分支上, 即 $B_r(x_0) \cap \Sigma$ 有两个紧的分支, 它们都在中心附近, 且外蕴距离很小, 由 [14] 中的单向曲率估计, 在每个分支的半个分支上, 曲率是有界的, 而且这个曲率界与球的大小有关, 所以这两个分支上有部分区域是几乎平坦的 (这个区域的大小也与球的大小有关), 于是这两个几乎平坦的区域上包含以 x_0 和 y_0 为中心的 (内蕴) 球, 其半径为 ar, 其中 a 为小于 1 的正数, 在这两个球的边界上取两

个点 x_1 和 y_1, 使得 x_1 和 y_1 的外蕴距离很小, 内蕴距离较大. 用 x_1 和 y_1 替代 x_0 和 y_0, 重复上面的过程, 得到 x_2 和 y_2, 继续这个过程, 就得到曲面上以 x_0 和 y_0 为中心的较大的区域, 其上的曲率是有界的, 由稳定性的结果, 这两个大的区域是几乎平坦的, 所以不能包含在 B_{2r} 中, 即 x_0 和 y_0 在 $B_{2r} \cap \Sigma$ 中是不连通的, 矛盾.

(3) 迭代以上两个步骤. □

注 4.6. 推论 4.1 说明, Calabi 猜想 2 对嵌入极小圆盘是成立的, 特别地, Nadirashvili 的例子不是嵌入的. 由逆紧的定义, $\mathbb{R}^3$ 中的逆紧极小曲面是无界的, 所以 Nadirashvili 的例子也不是逆紧的.

由定理 4.7 和 [14] 中的单向曲率估计, 可以得到下面的内蕴单向曲率估计:

推论 4.2. 存在 $\varepsilon > 0$, 若 $\Sigma \subset \{x_3 > 0\} \subset \mathbb{R}^3$ 是一个嵌入极小圆盘, $\mathscr{B}_{2R}(x) \subset \Sigma \backslash \partial \Sigma$, $|x| < \varepsilon R$, 则

$$\sup_{\mathscr{B}_R(x)} |A_\Sigma|^2 \leqslant R^{-2}. \tag{4.3.6}$$

在推论 4.2 中, 令 $R \to \infty$, 就得到下面的半空间定理, 即 Calabi 猜想 1 对嵌入极小圆盘也是成立的:

推论 4.3. 平面是包含于 $\mathbb{R}^3$ 的半空间中的唯一完备嵌入极小曲面.

第五章 Poisson 积分及其在极小曲面理论中的应用

§5.1 Poisson 积分

设 $U(z)$ 是开圆盘 $\{z\colon |z| < R\}$ 上的实调和函数, 即 $U(z)$ 无穷次可微, 且

$$\frac{\partial^2 U}{\partial x^2} + \frac{\partial^2 U}{\partial y^2} = 0,$$

其中 $z = x + iy$, 则我们可以构造 $\{z\colon |z| < R\}$ 上另一个调和的实函数 $V(z)$, $V(0) = 0$, 使得 $F(z) = U(z) + iV(z)$ 是解析的, 称这个函数 V 是 U 的**调和共轭**. 令 $F(z) = \sum_{n=0}^{\infty} a_n z^n$, 由 $U = (F + \overline{F})/2 = \operatorname{Re} F$, 得 (记 $z = re^{i\theta}$)

$$\begin{aligned} U(re^{i\theta}) &= \frac{1}{2}\sum_{n=0}^{\infty}(a_n r^n e^{in\theta} + \bar{a}_n r^n e^{-in\theta}) \\ &= \sum_{n=-\infty}^{\infty} A_n r^{|n|} e^{in\theta}, \quad r < R, \end{aligned}$$

其中
$$A_n = \begin{cases} \frac{1}{2}a_n, & n > 0, \\ \operatorname{Re} a_0, & n = 0, \\ \frac{1}{2}\bar{a}_{-n}, & n < 0. \end{cases}$$

即在 $\{z\colon |z| < R\}$ 上调和函数均有上面的幂级数表示,而且在 $\{z\colon |z| < R\}$ 的任意紧子集上一致收敛. 假设 $R > 1$, 取 $r = 1$, 有

$$\int_{-\pi}^{\pi} U(e^{i\theta})e^{-im\theta}d\theta = \sum_{n=-\infty}^{\infty} A_n \int_{-\pi}^{\pi} e^{i(n-m)\theta}d\theta = 2\pi A_m.$$

于是

$$A_n = \frac{1}{2\pi}\int_{-\pi}^{\pi} U(e^{it})e^{-int}dt,$$

$$U(re^{i\theta}) = \frac{1}{2\pi}\int_{-\pi}^{\pi} U(e^{it})\sum_{n=-\infty}^{\infty} r^{|n|}e^{in(\theta-t)}dt, \quad r < 1.$$

又当 $0 \leqslant r < 1$ 时,

$$\sum_{n=-\infty}^{\infty} r^{|n|}e^{in\varphi} = \sum_{0}^{\infty}(re^{i\varphi})^n + \sum_{n\geqslant 1}(re^{-i\varphi})^n$$

$$= \frac{1}{1-re^{i\varphi}} + \frac{re^{-i\varphi}}{1-re^{-i\varphi}}$$

$$= \frac{1-r^2}{1-2r\cos\varphi + r^2} \equiv P_r(\varphi).$$

于是得到调和函数的 Poisson 积分表示:

定理 5.1. 若 $U(z)$ 是开圆盘 $\{z\colon |z| < R, R > 1\}$ 上的调和函数, $0 \leqslant r < 1$, 则

$$U(re^{i\theta}) = \frac{1}{2\pi}\int_{-\pi}^{\pi} \frac{(1-r^2)U(e^{it})}{1-2r\cos(\theta-t) + r^2} dt.$$

函数 $P_r(\varphi) = \frac{1-r^2}{1-2r\cos\varphi + r^2}$ 称为 **Poisson 核**, Poisson 核具有下列性质:

命题 5.1. Poisson 核 $P_r(\theta) = \frac{1-r^2}{1-2r\cos\theta + r^2}$ 有下列性质:

(a) $P_r(\varphi) > 0$, $r < 1$;

(b) $P_r(\varphi + 2\pi) = P_r(\varphi)$;

(c) $\int_{-\pi}^{\pi} P_r(t)dt = 2\pi$, $r < 1$;

(d) $\forall \delta > 0$, 当 $0 < \delta \leq |\theta| \leq \pi$ 时, 有 $P_r(\theta) \rightrightarrows 0$ $(r \to 1)$.

证明: (a) 和 (b) 显然. 在定理 5.1 中令 $U \equiv 1$, $\theta = 0$ 即可得 (c). 若将 $P_r(\theta)$ 写成

$$P_r(\theta) = \frac{(1-r)(1+r)}{(1-r)^2 + 2r(1-\cos\theta)},$$

同时考虑到当 $|\theta| \geq \delta > 0$ 时, $1 - \cos\theta$ 有正的下界, 则从上式立得 (d). □

设 $U(z)$ 是开圆盘 $\{z\colon |z| < 1\}$ 上的调和函数, 下面我们给出 $U(z)$ 的几种 Poisson 表示形式.

定理 5.2. 如果 $U(z)$ 是开圆盘 $\{z\colon |z| < 1\}$ 上的有界调和函数, 则存在 $F \in L_\infty([-\pi, \pi])$, 使得

$$U(re^{i\theta}) = \frac{1}{2\pi} \int_{-\pi}^{\pi} P_r(\theta - t)F(t)dt, \quad r < 1.$$

为了证明该定理, 我们首先回顾分析中的两个结论:

(1) $L_\infty \approx (L_1)^*$: $f \mapsto \wedge_f$, $f \in L^\infty$, 其中 $\wedge_f\colon L_1 \to \mathbb{R}$, $\wedge_f(\varphi) = \int_{-\pi}^{\pi} f\varphi$, $\varphi \in L_1$.

(2) 设 X 是 Banach 空间, 则 X^* 中的单位球是弱紧的, 即若 $\wedge_n \in X^*$, $\|\wedge_n\| \leq 1$, 则存在 $\{n_j\}$ 及 $\wedge \in X^*$, 使得

$$\wedge_{n_j} x \to \wedge x, \quad j \to \infty, \ \forall\, x \in X.$$

定理 5.2 的证明: 取数列 $\{r_n\}$: $r_n < 1$, 且 r_n 单增到 1 (如: $r_n = 1 - \frac{1}{n}$), 考虑 $U_n\colon [-\pi, \pi] \to \mathbb{R}$, $U_n(\theta) = U(r_n e^{i\theta})$, 因为 $U(z)$ 是有界的, 所以 $\|U_n\|_\infty \leq C$, 视 U_n 为 $(L_1)^*$ 中的元素, 由上面的结论 (1) 和 (2), 存在子列 $\{U_{n_j}\}$ 及 $F \in L_\infty([-\pi, \pi])$, 使得

$$\int_{-\pi}^{\pi} U_{n_j}(t)\varphi(t)dt \to \int_{-\pi}^{\pi} F(t)\varphi(t)dt, \quad j \to \infty, \ \forall\, \varphi \in L_1([-\pi, \pi]).$$

由于 $\forall n$, $u_n(z) := U(r_n z)$ 是 $\{z: |z| < 1/r_n\}$ 上的调和函数, 于是由定理 5.1, $u_n(z)$ 有 Poisson 积分表示

$$u_{n_j}(re^{i\theta}) = \frac{1}{2\pi} \int_{-\pi}^{\pi} P_r(\theta - t) u_{n_j}(e^{it}) dt$$

$$= \frac{1}{2\pi} \int_{-\pi}^{\pi} P_r(\theta - t) U_{n_j}(t) dt$$

$$\to \frac{1}{2\pi} \int_{-\pi}^{\pi} P_r(\theta - t) F(t) dt, \quad j \to \infty, \ r < 1.$$

又

$$u_{n_j}(re^{i\theta}) = U(r_{n_j} re^{i\theta}) \to U(re^{i\theta}), \quad j \to \infty, \ r < 1,$$

于是由极限的唯一性得

$$U(re^{i\theta}) = \frac{1}{2\pi} \int_{-\pi}^{\pi} P_r(\theta - t) F(t) dt, \quad r < 1. \qquad \square$$

定理 5.3. 如果 $p > 1$, $U(z)$ 是开圆盘 $\{z: |z| < 1\}$ 上的调和函数, 而且当 $r < 1$ 时,

$$\int_{-\pi}^{\pi} |U(re^{i\theta})|^p d\theta$$

有界, 则存在 $F \in L_p([-\pi, \pi])$, 使得

$$U(re^{i\theta}) = \frac{1}{2\pi} \int_{-\pi}^{\pi} P_r(\theta - t) F(t) dt, \quad r < 1.$$

证明: 同定理 5.2 的证明一样, 取数列 $\{r_n\}$: $r_n < 1$, 且 r_n 单增到 1 (如: $r_n = 1 - \frac{1}{n}$), 考虑 U_n: $[-\pi, \pi] \to \mathbb{R}$, $U_n(\theta) = U(r_n e^{i\theta})$, 因为 $\|U(z)\|_p \leqslant C$, 所以由 Cantor 对角化过程, 存在子列 $\{U_{n_j}\}$ 及 $F \in L_p([-\pi, \pi])$, 使得

$$\int_{-\pi}^{\pi} U_{n_j}(t) \varphi(t) dt \to \int_{-\pi}^{\pi} F(t) \varphi(t) dt, \quad j \to \infty, \ \forall \varphi \in L_q([-\pi, \pi]),$$

其中 L_q 是 L_p 对偶空间, $\frac{1}{p} + \frac{1}{q} = 1$. 由于 $\forall n$, $u_n(z) := U(r_n z)$ 是 $\{z: |z| <$

$1/r_n\}$ 上的调和函数, 于是也有 Poisson 积分表示

$$u_{n_j}(re^{i\theta}) = \frac{1}{2\pi}\int_{-\pi}^{\pi} P_r(\theta-t)u_{n_j}(e^{it})dt$$
$$= \frac{1}{2\pi}\int_{-\pi}^{\pi} P_r(\theta-t)U_{n_j}(t)dt$$
$$\to \frac{1}{2\pi}\int_{-\pi}^{\pi} P_r(\theta-t)F(t)dt, \quad j\to\infty,\ r<1.$$

又

$$u_{n_j}(re^{i\theta}) = U(r_{n_j}re^{i\theta}) \to U(re^{i\theta}), \quad j\to\infty,\ r<1,$$

于是由极限的唯一性得

$$U(re^{i\theta}) = \frac{1}{2\pi}\int_{-\pi}^{\pi} P_r(\theta-t)F(t)dt, \quad r<1. \qquad \square$$

$p=1$ 时情况如何呢? 由于 $[-\pi,\pi]$ 上有限测度空间是 $[-\pi,\pi]$ 上连续函数空间的对偶空间, 即对应于 $p\in L_1[-\pi,\pi]$, 有限测度 μ_p 由下式给出:

$$\int_{-\pi}^{\pi}\varphi(t)d\mu_p(t) = \int_{-\pi}^{\pi}\varphi(t)p(t)dt,$$

那么用与上面定理同样的方法可以证明

定理 5.4. 如果 $U(z)$ 是开圆盘 $\{z\colon |z|<1\}$ 上的调和函数, 且

$$\sup_{0\leqslant r<1}\int_{-\pi}^{\pi}|U(re^{i\theta})|d\theta < \infty,$$

则在 $[-\pi,\pi]$ 上存在有限测度 μ, 使得

$$U(re^{i\theta}) = \frac{1}{2\pi}\int_{-\pi}^{\pi} P_r(\theta-t)d\mu(t).$$

定理 5.5. 如果 $U(z)\geqslant 0$ 是开圆盘 $\{z\colon |z|<1\}$ 上的调和函数, 则在 $[-\pi,\pi]$ 上存在有限正 Borel 测度 μ, 使得

$$U(re^{i\theta}) = \frac{1}{2\pi}\int_{-\pi}^{\pi} P_r(\theta-t)d\mu(t).$$

证明: 利用调和函数的平均值性质, 得

$$\int_{-\pi}^{\pi} |U(re^{i\theta})|d\theta = \int_{-\pi}^{\pi} U(re^{i\theta})d\theta = 2\pi U(0) < \infty,$$

再由定理 5.4, 存在测度 μ, 使得

$$U(re^{i\theta}) = \frac{1}{2\pi}\int_{-\pi}^{\pi} P_r(\theta - t)d\mu(t).$$

由定理 5.2 的证明可看出, μ 是 $U_n \geqslant 0$ 的弱 *-极限, 所以 μ 是正测度. □

由定理 5.2 和定理 5.5, 我们知道, 若 $U(z)$ 是 $\{z\colon |z| < 1\}$ 上的调和函数, 当 $U \geqslant 0$ 和 U 有界时, 均有 Poisson 积分表示, 那么当 $|z| \to 1$ 时, $U(z)$ 的情况如何呢? 下面我们首先考虑由 L_∞ 函数给出的 Poisson 积分的边界行为.

定理 5.6. 设 F 是 $\mathbb{R}$ 上的连续函数, 且 $F(t + 2\pi) = F(t)$, 令

$$U(re^{i\theta}) = \frac{1}{2\pi}\int_{-\pi}^{\pi} P_r(\theta - t)F(t)dt, \quad r > 1,$$

则 $U(z)$ 是 $D = \{z\colon |z| < 1\}$ 上的调和函数, 且

$$\lim_{z \in D,\, z \to e^{i\varphi}} U(z) = F(\varphi),$$

而且收敛关于 φ 是一致的.

证明: 令

$$A_n = \frac{1}{2\pi}\int_{-\pi}^{\pi} F(t)e^{-int}dt,$$

则当 $0 \leqslant r < 1$ 时,

$$U(re^{i\theta}) = \sum_{n=-\infty}^{\infty} A_n r^{|n|} e^{in\theta}.$$

由于该级数在任意紧子集上一致收敛, 所以 $U(re^{i\theta})$ 是 $D = \{z\colon |z| < 1\}$ 上的调和函数.

由于 P_r 和 F 都是周期为 2π 的函数, 所以 $U(re^{i\theta})$ 可写成以下形式:

$$U(re^{i\theta}) = \frac{1}{2\pi}\int_{\theta-\pi}^{\theta+\pi} P_r(s)F(\theta - s)ds = \frac{1}{2\pi}\int_{-\pi}^{\pi} P_r(s)F(\theta - s)ds.$$

再由 Poisson 核的性质 (c) 得

$$U(re^{i\theta}) - F(\varphi) = \frac{1}{2\pi}\int_{-\pi}^{\pi} P_r(\theta-t)F(t)dt - \frac{1}{2\pi}\int_{-\pi}^{\pi} P_r(t)F(\varphi)dt$$
$$= \frac{1}{2\pi}\int_{-\pi}^{\pi} P_r(t)(F(\theta-t) - F(\varphi))dt.$$

因为 F 是 $\mathbb{R}$ 上的连续函数, 所以 $\forall \varepsilon > 0$, 存在 δ: $0 < \delta < \pi/2$, 当 $|s-\varphi| < 2\delta$ 时, 有 $|F(s) - F(\varphi)| < \varepsilon$. 于是

$$|U(re^{i\theta}) - F(\varphi)| \leqslant \frac{1}{2\pi}\int_{|t|\leqslant\delta}|P_r(t)||F(\theta-t) - F(\varphi)|dt$$
$$+ \frac{1}{2\pi}\int_{\delta\leqslant|t|\leqslant\pi}|P_r(t)||F(\theta-t) - F(\varphi)|dt$$
$$\equiv I_1 + I_2.$$

由 Poisson 核的性质 (a) 和 (c) 得

$$I_1 \leqslant \frac{\varepsilon}{2\pi}\int_{|t|\leqslant\delta} P_r(t)dt \leqslant \frac{\varepsilon}{2\pi}\int_{-\pi}^{\pi} P_r(t)dt = \varepsilon.$$

设 $M = \sup|F|$, 于是由 Poisson 核的性质 (d), 当 r 充分接近于 1 时, 得

$$I_2 \leqslant \frac{1}{2\pi}\cdot 2M\int_{\delta\leqslant|t|\leqslant\pi} P_r(t)dt < \varepsilon. \qquad \square$$

注: 从定理的证明可以看出, 其主要依赖于 Poisson 核的性质 (c), 对任何其他形式的核都可以得到类似的结果.

注 5.1. 该定理给出了 Dirichlet 问题的解, U 连续地扩张到 $\{z: |z| \leqslant 1\}$ 上.

利用上面的定理和 Fubini 定理有

定理 5.7. 令

$$U(re^{i\theta}) = \frac{1}{2\pi}\int_{-\pi}^{\pi} P_r(\theta-t)d\mu(t),$$

其中 μ 是 $[-\pi,\pi]$ 上的有限测度, 则 $U(re^{i\theta})$ 弱 * 收敛于 $d\mu(\theta)$, 即对任意周期为 2π 的连续函数 $G(\theta)$, 有

$$\int_{-\pi}^{\pi} U(re^{i\theta})G(\theta)d\theta \to \int_{-\pi}^{\pi} G(\theta)d\mu(\theta) \quad (r \to 1).$$

§5.2 Poisson 积分的边界行为

本节我们要进一步讨论 Poisson 积分的边界行为, 在讨论之前, 我们首先回顾一些相关内容. 令 $D = \{z\colon |z| < 1\}$, $C = \{z\colon |z| = 1\}$, T_θ 表示在 D 中以 $e^{i\theta} \in C$ 为顶点的任意开的三角形, 如果 T_θ 是二等边的且被到 $e^{i\theta}$ 的半径对开, 则称 T_θ 是对称的.

定义 5.1. 设 $U(z)$ 是定义在 D 上函数, $h(z)$ 是定义在 C 上函数, 如果当 z 从 D 内部的以 $e^{i\varphi}$ 为顶点, 顶角小于 π 的任意扇形区域中趋近于 $e^{i\varphi}$ 时 (即当 $|\theta - \varphi| \leqslant c(1-r)$ 时), $U(z)$ 的极限存在且等于 $h(e^{i\varphi})$, 则称 $U(z)$ 非切向收敛于 $h(e^{i\varphi})$, $h(e^{i\varphi})$ 称为 $U(z)$ 的 **非切向极限**, 记为

$$\lim_{z \to e^{i\varphi}, \triangleleft} U(z) = h(e^{i\varphi}).$$

例 5.1.

$$U(z) = \operatorname{Re} \frac{1+z}{1-z} = \frac{1-r^2}{1+r^2-2r\cos\theta} = \frac{(1-r)(1+r)}{(1-r)^2 + 2r(1-\cos\theta)},$$

则当 $e^{i\varphi} \neq 1$ 时,

$$\lim_{z \to e^{i\varphi}, \triangleleft} U(z) = 0.$$

定理 5.8. (Fatou 定理) 如果 $U(z)$ ($|z| < 1$) 是由有限测度 μ 给出的 Poisson 积分, 即

$$U(re^{i\theta}) = \frac{1}{2\pi} \int_{-\pi}^{\pi} P_r(\theta - t) d\mu(t),$$

则对 $\{z\colon |z| = 1\}$ 上的几乎所有的点 $e^{i\varphi}$, U 的非切向极限均存在.

证明: 由于 μ 是几乎处处可导的, 为简单起见, 不妨设 $\varphi = 0$ 是可导点且 $\mu'(0) = 0$, 否则用 $d\mu(t) - \mu'(0)dt$ 替换 $d\mu(t)$. 下证当 $|\theta_r| < c(1-r)$ 时,

$$U(re^{i\theta_r}) \to 0 = \mu'(0) \quad (r \to 1).$$

首先由 Poisson 核的性质, 我们有

$$\frac{1}{2\pi} \int_{-\pi}^{\pi} P_r(\theta_r - t) \mu'(0) dt = \mu'(0).$$

取 $\delta > 0$, 使得当 $|t| < \delta$ 时, $|\mu(t)| \leqslant \varepsilon|t|$, 当 $1-r$ 充分接近于 0 时, $2|\theta_r| < \delta$,

$$\frac{1}{2\pi}\int_{-\pi}^{\pi} P_r(\theta_r - t)d\mu(t) = o(1) + \frac{1}{2\pi}\int_{-\delta}^{\delta} P_r(\theta_r - t)d\mu(t),$$

其中 $o(1) \to 0 \ (r \to 1)$, 分部积分上式的最后一项得

$$\frac{1}{2\pi}\int_{-\delta}^{\delta} P_r(\theta_r - t)d\mu(t) = \frac{1}{2\pi}\int_{-\delta}^{\delta} \frac{1-r^2}{1-2r\cos(\theta_r-t)+r^2} d\mu(t)$$

$$= o(1) + \frac{1}{2\pi}\int_{-\delta}^{\delta} \frac{2(1-r^2)r\sin(t-\theta_r)}{(1-2r\cos(\theta_r-t)+r^2)^2} \mu(t)dt.$$

不失一般性, 我们设 $\theta_r > 0$, 将上式最后一项积分拆分如下:

$$\frac{1}{2\pi}\int_{-\delta}^{\delta} \frac{2(1-r^2)r\sin(t-\theta_r)}{(1-2r\cos(\theta_r-t)+r^2)^2} \mu(t)dt$$

$$= \frac{1}{2\pi}\Big[\int_{-\delta}^{0} + \int_{0}^{2\theta_r} + \int_{2\theta_r}^{\delta}\Big] \frac{2(1-r^2)r\sin(t-\theta_r)}{(1-2r\cos(\theta_r-t)+r^2)^2} \mu(t)dt$$

$$= I_1 + I_2 + I_3,$$

于是由 $|\theta_r| < c(1-r)$ 得

$$|I_2| \leqslant \frac{1}{2\pi}\int_0^{2\theta_r} \frac{4\theta_r}{(1-r)^3} \cdot \varepsilon t dt \leqslant \frac{4\varepsilon\theta_r^3}{\pi(1-r)^3} \leqslant \frac{4c^3\varepsilon}{\pi}.$$

又当 $2\theta_r \leqslant t \leqslant \delta$ 时, $|\mu(t)| \leqslant \varepsilon t \leqslant 2\varepsilon(t-\theta_r)$, 于是

$$|I_3| \leqslant \frac{\varepsilon}{\pi}\int_{2\theta_r}^{\delta} \frac{2(1-r^2)r\sin(t-\theta_r)}{(1-2r\cos(\theta_r-t)+r^2)^2} (t-\theta_r)dt$$

$$= \frac{\varepsilon}{\pi}\int_{\theta_r}^{\delta-\theta_r} \frac{2(1-r^2)r\sin t}{(1-2r\cos t+r^2)^2} tdt$$

$$\leqslant \frac{\varepsilon}{\pi}\int_0^{\pi} \frac{2(1-r^2)r\sin t}{(1-2r\cos t+r^2)^2} tdt$$

$$= \frac{\varepsilon}{\pi}\Big[o(1) + \int_0^{\pi} \frac{1-r^2 dt}{1-2r\cos t+r^2} tdt\Big]$$

$$= \varepsilon + o(1).$$

同理可得 $|I_1| \leqslant \frac{\varepsilon}{2} + o(1)$, 于是

$$|I_1 + I_2 + I_3| \leqslant \Big(\frac{4c^3}{\pi} + \frac{3}{2}\Big)\varepsilon + o(1) \quad (r \to 1),$$

由 ε 的任意性得 $U(re^{i\theta_r}) \to 0 = \mu'(0) \ (r \to 1)$. $\square$

注 5.2. 若 $\mu'(0) = +\infty$, 我们可以取很小的 $\delta > 0$, 使得当 $|t| \leqslant \delta$ 时, $|\mu(t)| \geqslant M|t|$, 同样的证明可得

$$\begin{aligned}U(r) &= o(1) + \frac{1}{2\pi}\int_{-\delta}^{\delta}\frac{2(1-r^2)r\sin t}{(1-2r\cos t + r^2)^2}\mu(t)dt \\ &\geqslant o(1) + \frac{M}{\pi}\int_{-\delta}^{\delta}\frac{2(1-r^2)r\sin t}{(1-2r\cos t + r^2)^2}t\,dt \\ &= o(1) + M.\end{aligned}$$

由 M 的任意性, 得 $U(re^{i\theta_r}) \to \mu'(0)$ $(r \to 1)$.

由定理 5.2, 5.5, 5.8, 立得

推论 5.1. 如果 $U(z)$ 是定义在 $\{z\colon |z| < 1\}$ 上正的或有界的调和函数, 则对 $\{z\colon |z| = 1\}$ 上几乎所有的点 $e^{i\varphi}$, U 的非切向极限均存在.

例 5.2. 设 $I = (I_1, I_2, I_3)\colon D \to \mathbb{R}^3$ 是共形极小浸入, 即给出极小曲面 M, 如果 M 是有界完备的, 则 $|I_j|$ 有界, 且 $\Delta I_j = 0$, 由上述推论知 I_j 的非切向极限几乎处处存在.

如果 $F \in L_p([-\pi, \pi])$, $p \geqslant 1$, 令

$$U(re^{i\theta}) = \frac{1}{2\pi}\int_{-\pi}^{\pi}P_r(\theta - t)F(t)dt.$$

经典的 Lebesgue 定理表明

$$\frac{d}{d\theta}\int_0^{\theta} F(t)dt$$

几乎处处存在且等于 $F(\theta)$. 由定理 5.8, 对 $\{z\colon |z| = 1\}$ 上几乎所有的点 $e^{i\varphi}$, 有 $\lim_{z \to e^{i\varphi}, \vartriangleleft} U(z) = F(e^{i\varphi})$. 于是结合上节的定理, 得

定理 5.9. 如果 $p > 1$, $U(z)$ 是开圆盘 $\{z\colon |z| < 1\}$ 上的调和函数, 而且当 $0 \leqslant r < 1$ 时,

$$\int_{-\pi}^{\pi}|U(re^{i\theta})|^p d\theta$$

有界, 则 $U(z)$ 的非切向极限在 $\{z\colon |z|=1\}$ 上几乎处处存在, 即对几乎所有的 θ, $\lim_{z\to e^{i\theta},\triangleleft} U(z)$ 存在, 设为 $U(e^{i\theta})$. 而且, $U(e^{i\theta})\in L_p(-\pi,\pi)$,

$$U(re^{i\theta}) = \frac{1}{2\pi}\int_{-\pi}^{\pi} P_r(\theta-t)U(e^{it})dt, \quad 0\leqslant r<1.$$

§5.3 Riesz 定理

本节讨论复值调和函数, 我们简单地认为复值调和函数就是实值调和函数的复的线性组合, 前面关于调和函数的 Poisson 表示及其边界行为都可以平凡地推广到复值调和函数的情形.

定义 5.2. $F(z)$ 是 $\{z\colon |z|<1\}$ 上的解析函数, 如果当 $r<1$ 时, $\int_{-\pi}^{\pi}|F(re^{i\theta})|d\theta$ 有界, 则称 $F\in H_1$.

命题 5.2. 若 $F\in H_1$, 则它具有以下性质:

$$F(re^{i\theta}) = \frac{1}{2\pi}\int_{-\pi}^{\pi} P_r(\theta-t)F(e^{it})dt, \tag{5.3.1}$$

$$\int_{-\pi}^{\pi}|F(re^{i\theta})-F(e^{i\theta})|d\theta \to 0 \quad (r\to 1), \tag{5.3.2}$$

$$F(z) = \frac{1}{2\pi i}\int_0^{2\pi} \frac{F(e^{it})}{e^{it}-z}de^{it}. \tag{5.3.3}$$

证明: 由于 F 是调和的, 由定理 5.4, 存在 $[-\pi,\pi]$ 上的测度 μ (此时是复值的), 使得

$$F(re^{i\theta}) = \frac{1}{2\pi}\int_{-\pi}^{\pi} P_r(\theta-t)d\mu(t).$$

再由定理 5.7, 得 $F(re^{i\theta})$ 弱 * 收敛于 $d\mu(\theta)$. 又因为 $F(z)$ 在 $\{z\colon |z|<1\}$ 上是解析的, 由 Cauchy 定理 (或者直接利用幂级数来处理) 有

$$\int_{-\pi}^{\pi} e^{in\theta}F(re^{i\theta})d\theta = 0, \quad n=1,2,\ldots,$$

所以

$$\int_{-\pi}^{\pi} e^{in\theta}d\mu(\theta) = 0, \quad n=1,2,\ldots.$$

由 Riesz 定理, μ 是绝对连续的, 即存在 $h \in L_1(-\pi, \pi)$, 使得 $d\mu(\theta) = h(\theta)d\theta$, 于是

$$F(re^{i\theta}) = \frac{1}{2\pi}\int_{-\pi}^{\pi} P_r(\theta - t)h(t)dt.$$

由上一节的边界行为, 我们有 $F(z) \to h(\theta)$ 几乎处处非切向成立, 又

$$\lim_{z \to e^{i\theta}, \vartriangleleft} F(z) = F(e^{i\theta}),$$

于是得 (5.3.1). 由 (5.3.1) 及 Poisson 核的性质得 (5.3.2). 在 Cauchy 公式

$$F(z) = \frac{1}{2\pi i}\int_{|\zeta|=R} \frac{F(\zeta)}{\zeta - z}d\zeta$$

中固定 z: $|z| < 1$, 让 $R \to 1$, 得到 (5.3.3). □

命题 5.3. 设 $F \in H_1$, 而且 $F(e^{i\theta}) = 0$ ($\forall\, \theta \in E,\ |E| > 0$), 则 $F \equiv 0$.

证明: 不失一般性, 设 $0 < |E| < 2\pi$. 当 $0 \leqslant r < 1$ 时, 令

$$U(re^{i\theta}) = \frac{1}{2\pi|E|}\int_E P_r(\theta - t)dt - \frac{1}{2\pi(2\pi - |E|)}\int_{[0,2\pi]-E} P_r(\theta - t)dt,$$

则 $U(z)$ 是 $\{|z| < 1\}$ 上的调和函数, 且 $U(0) = 0$,

$$-\frac{1}{2\pi - |E|} \leqslant U(z) \leqslant \frac{1}{|E|},$$

特别地, 对 $[0, 2\pi] - E$ 中几乎所有的 θ, 有

$$\lim_{z \to e^{i\theta}, \vartriangleleft} U(z) = -\frac{1}{2\pi - |E|}.$$

设 $\tilde{U}(z)$ 是 $U(z)$ 的调和共轭, 则 $\varphi(z) = \exp[U(z) + i\tilde{U}(z)]$ 在 $\{|z| < 1\}$ 上有界, $|\varphi(0)| = 1$, 且对 $[0, 2\pi] - E$ 中几乎所有的 θ, 有

$$|\varphi(e^{i\theta})| = \exp\left(-\frac{1}{2\pi - |E|}\right).$$

因为 $\varphi(z)$ 有界, 所以对任意 k, $[\varphi(z)]^k F(z) \in H_1$. 假定 $F(z) \not\equiv 0$, 不失一般性, 设 $F(0) \neq 0$ (否则用 $F(z)/m$ 来替换, m 是零点的阶数), 由命题 5.2 得

$$[\varphi(0)]^k F(0) = \frac{1}{2\pi}\int_0^{2\pi} [\varphi(e^{i\theta})]^k F(e^{i\theta})d\theta = \frac{1}{2\pi}\int_{[0,2\pi]-E} [\varphi(e^{i\theta})]^k F(e^{i\theta})d\theta,$$

于是

$$|F(0)| = |\varphi(0)|^k |F(0)| \leqslant \frac{1}{2\pi} \exp\left(-\frac{k}{2\pi - |E|}\right) \int_{[0,2\pi]-E} |F(e^{i\theta})|d\theta \to 0,$$

$k \to \infty$. 矛盾, 命题证毕. □

定义 5.3. $\mathbb{C}$ 中 $\{z\colon |z|=1\}$ 的 1-1 连续像称为 **Jordan 曲线**, $\{z\colon |z|=1\}$ 到 Jordan 曲线的 1-1 连续函数称为该曲线的参数化.

大家知道黎曼映射定理是说, 边界至少包含两个点的单连通区域可以共形映射到单位圆的内部, 而 Caratheodory 定理指出, 当单连通区域的边界是 Jordan 曲线时, 则它到 $\{z\colon |z|<1\}$ 的满射可以连续 1-1 扩张到 $\{z\colon |z|=1\}$ 上 (证明见 [37]).

设 $\mathscr{D}$ 是由 Jordan 曲线 Γ 围成的区域, ϕ 是 $\{z\colon |z|<1\}$ 到 $\mathscr{D}$ 的满射, 由 Caratheodory 定理, ϕ 可以连续 1-1 扩张到 $\{z\colon |z|=1\}$ 上, 而且将 $\{z\colon |z|=1\}$ 映满 Γ. 如果 $[e^{i\theta_0}, e^{i\theta_1}, \ldots, e^{i\theta_p}]$ 是 $|z|=1$ 的划分, 则 $[\phi(e^{i\theta_0}), \phi(e^{i\theta_1}), \ldots, \phi(e^{i\theta_p})]$ 是 Γ 的一个划分.

命题 5.4. $\phi'(z) \in H_1$.

证明: 令 $\varepsilon = e^{2\pi i/n}$, 则当 $|z|<1$ 时,

$$S(z) = |\phi(\varepsilon z) - \phi(z)| + |\phi(\varepsilon^2 z) - \phi(\varepsilon z)| + \cdots + |\phi(\varepsilon^n z) - \phi(\varepsilon^{n-1} z)|$$

是次调和的, 而且在 $|z|\leqslant 1$ 上连续的 (因为 $\phi(z)$ 连续), 所以由极大值原理, 当 $|z|<1$ 时,

$$S(z) \leqslant \max_{|\zeta|=1} S(\zeta).$$

当 $|\zeta|=1$, $[\phi(\zeta), \phi(\varepsilon\zeta), \phi(\varepsilon^2\zeta), \ldots, \phi(\varepsilon^n\zeta)]$ 构成 Γ 的一个划分, 于是由曲线长度的定义, $S(\zeta) \leqslant \text{length}(\Gamma) < \infty$, 所以当 $|z|<1$ 时, $S(z) \leqslant \text{length}(\Gamma)$, 我们固定 $r<1$, 有

$$\sum_{k=1}^{n} |\phi(\varepsilon^k r) - \phi(\varepsilon^{k-1} r)| = S(r) \leqslant \text{length}(\Gamma),$$

令 $n \to \infty$, 并利用 $\phi'(re^{i\theta})$ 的连续性, 得

$$\int_0^{2\pi} |\phi'(re^{i\theta})| r d\theta \leqslant \text{length}(\Gamma), \quad r < 1,$$

即 $\phi'(z) \in H_1$. □

下面我们来讨论圆周上零测度集的像, 设 J 是圆周 C 上的一段弧, $\Lambda = \phi(J)$, 则有

命题 5.5.
$$\text{length}(\Lambda) = \int_J |\phi'(e^{i\theta})| d\theta.$$

证明: 由命题 5.4 和 (5.3.2) 式, 得

$$\int_{-\pi}^{\pi} |\phi'(e^{i\theta}) - \phi'(re^{i\theta})| d\theta \to 0 \quad (r \to 1).$$

如果 J 是开圆弧, 对任意 $\varepsilon > 0$, 选取连续可微函数 $T(\theta)$, $|T(\theta)| \leqslant 1$, 使得

$$\int_J |T(\theta) - U(\theta)| |d\phi(e^{i\theta})| < \varepsilon,$$

其中 $|d\phi(e^{i\theta})| = U(\theta) d\phi(e^{i\theta})$, 则 $T(\theta)$ 满足

$$\left| \int_J T(\theta) d\phi(e^{i\theta}) - \int_J |d\phi(e^{i\theta})| \right| < \varepsilon,$$

$$\left| \int_J i e^{i\theta} \phi'(e^{i\theta}) T(\theta) d\theta - \int_J |\phi'(e^{i\theta})| d\theta \right| < \varepsilon.$$

由于 J 是开的, 我们可以使 $T(\theta)$ 在 J 以外消失, 考虑到 $|\phi'(e^{i\theta})| d\theta$ 是 $|d\phi(e^{i\theta})|$ 的绝对连续的部分, $ie^{i\theta}\phi'(e^{i\theta})d\theta$ 是 $d\phi(e^{i\theta})$ 的绝对连续的部分, 故经过分部积分和使用 Caratheodory 定理, 得

$$\int_J T(\theta) d\phi(e^{i\theta}) = -\int_J \phi(e^{i\theta}) T'(\theta) d\theta = -\lim_{r \to 1} \int_J \phi(re^{i\theta}) T'(\theta) d\theta.$$

又

$$-\int_J \phi(re^{i\theta}) T'(\theta) d\theta = \int_J i r e^{i\theta} \phi'(re^{i\theta}) T(\theta) d\theta \to \int_J i e^{i\theta} \phi'(e^{i\theta}) T(\theta) d\theta, \quad r \to 1,$$

于是令 $\varepsilon \to 0$ 得

$$\text{length}(\Lambda) = \int_J |d\phi(e^{i\theta})| = \int_J |\phi'(e^{i\theta})|d\theta. \qquad \square$$

定理 5.10. (F. 和 M. Riesz 定理) 如果 $E \subset \{z\colon |z| = 1\}$, $|E| = 0$, 则 $|\phi(E)| = 0$.

证明: 设 Ω_n 是 $|z| = 1$ 上的开集, $\Omega_n \supset E$, $\Omega_n \supset \Omega_{n+1} \supset \ldots$, 使得 $|\Omega_n| \to 0$ $(n \to \infty)$, 则由命题 5.5,

$$|\phi(E)| \leqslant |\phi(\Omega_n)| = \int_{\Omega_n} |\phi'(e^{i\theta})|d\theta.$$

由于 $|\Omega_n| \to 0$ $(n \to \infty)$ 和 $\phi'(e^{i\theta}) \in L_1(-\pi, \pi)$, 上式右端趋近于零. $\qquad \square$

§5.4 局部 Fatou 定理和 Privalov 唯一性定理

本节我们首先介绍冰激凌 (ice-cream) 锥构造, 然后利用它来证明著名的局部 Fatou 定理和 Privalov 唯一性定理.

定义 5.4. 如果 $|\zeta| = 1$, 令

$$S_\zeta = \left\{z\colon |z| > \frac{1}{\sqrt{2}}, \ |\arg(\zeta - z)| < \frac{\pi}{4}\right\}.$$

图 5.4.1(a) 的阴影部分是 S_1.

注 5.3. (1) $\cup_{|\zeta|=1} S_\zeta = \{1/\sqrt{2} < z < 1\}$.

(2) 如果 $z \in \{1/\sqrt{2} < z < 1\}$, 令开弧 $J = \widehat{\zeta_1 \zeta_2} = \{\zeta\colon |\zeta| = 1, z \in S_\zeta\}$, 见图 5.4.1(b).

(3) 令 $T = \{z\colon 1/\sqrt{2} < |z| < 1, \exists \zeta \in J, z \in S_\zeta\}$, 如果 J 是圆心角小于 $90°$ 的弧, 则 T 是一个曲边三角形; 如果 J 是圆心角大于 $90°$ 的弧, 则 T 是一个曲边梯形, 见图 5.4.1(c) 和 (d).

下面我们来描述 Privalov 构造: 给定圆周上的一个闭子集 E, 令 $\{J_k\}$ 是其在圆周上补集中的弧的全体 (至多可数个), 对每个 J_k, 同上构造出对

第五章 Poisson 积分及其在极小曲面理论中的应用

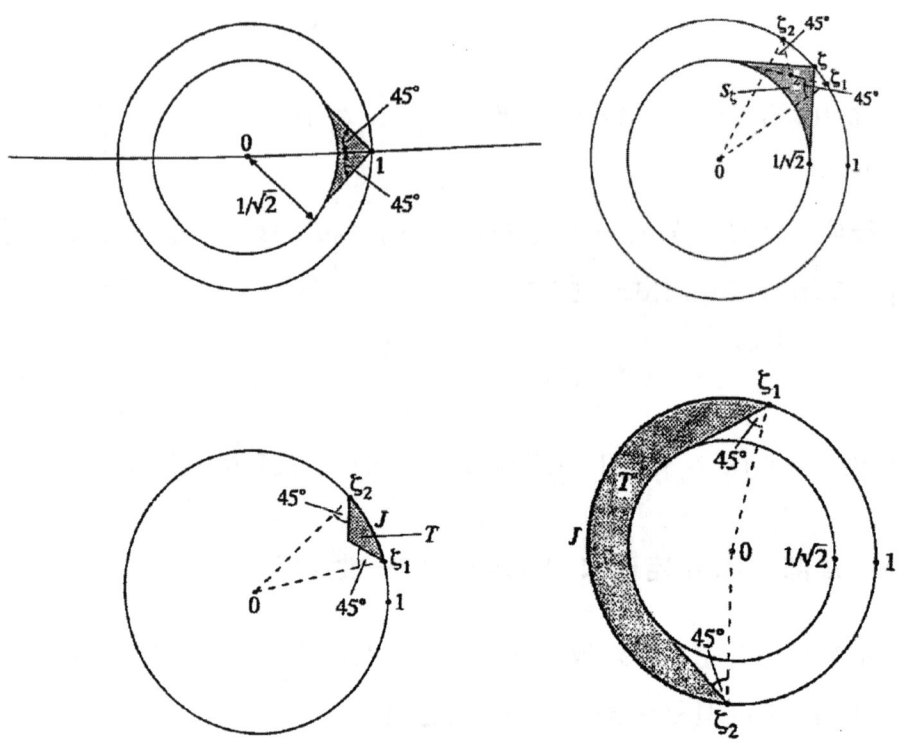

图 5.4.1

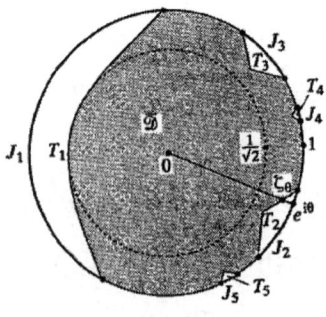

图 5.4.2

§5.4 局部 Fatou 定理和 Privalov 唯一性定理

应的曲边三角形或曲边梯形 T_k, 令闭集

$$\overline{\mathscr{D}} = \{|z| \leqslant 1\} - \bigcup_k T_k^\circ - \bigcup_k J_k,$$

由 (1) 和 (3), $\overline{\mathscr{D}}$ 有这样的性质:

$$\forall z \in \overline{\mathscr{D}} \cap \{1/\sqrt{2} < z \leqslant 1\}, \exists \zeta \in E, 使得 z \in \overline{S_\zeta}.$$

$\partial \overline{\mathscr{D}}$ 是一条 Jordan 曲线, 事实上, 若 ζ_θ 是从圆心出发到 $e^{i\theta}$ 的射线与 $\partial \overline{\mathscr{D}}$ 的交点, 则映射 $e^{i\theta} \to \zeta_\theta$ 是圆周到 $\partial \overline{\mathscr{D}}$ 的 1-1 的连续映射, 所以 $\partial \overline{\mathscr{D}}$ 是一条 Jordan 曲线. 又由于对任意 T_k, 其周长 $\leqslant C|J_k|$, 所以 $\partial \overline{\mathscr{D}}$ 是可求长的 Jordan 曲线. 设 $\mathscr{D}$ 是 $\overline{\mathscr{D}}$ 的内部.

下面用冰激凌锥构造来证明几个我们以后需要的重要定理.

定义 5.5. 设 $U(z)$ 是定义在 $\{z: |z| < 1\}$ 上的函数. 如果对 $\{z: |z| = 1\}$ 上的几乎所有的点 $e^{i\varphi}$, 在 $\{z: |z| < 1\}$ 内部存在以 $e^{i\varphi}$ 为顶点的三角形区域 T_φ, 使得 $\sup_{z \in T_\varphi} |U(z)| < \infty$, 则称 $U(z)$ 是几乎处处 **非切向有界的**.

定理 5.11. (局部 Fatou 定理) 调和函数 $f: D \to \mathbb{C}$ 几乎处处有非切向极限当且仅当 f 是几乎处处非切向有界的.

证明: 必要性是显然的, 下面给出充分性的证明. 设 E 是 f 在 $e^{i\theta}$ 处非切向有界的 θ 的全体, 不失一般性, 我们考虑所有的 T_θ 都是对称的情形 (实际上, 对任意 θ, 经过适当的变形可以获得一个对称的三角形区域 T_θ), 这样由 E 就可以构造区域 $\mathscr{D}$ (此时每个小锥的顶角可以适当调整大小), 而且 f 在 $\mathscr{D}$ 上有界. 对共形映射 $\phi: D \to \mathscr{D}$, 函数 $F = f \circ \phi: D \to \mathbb{C}$ 是有界调和函数, 由 Fatou 定理的推论 5.1, F 几乎处处有非切向极限, 而且 C 上的奇异点映到 $\partial \mathscr{D}$ 的测度为零的子集上, 而在其余点处是共形的, 所以 f 在 $\partial \mathscr{D}$ 上几乎处处有非切向极限 (此时 z 应该是从 $\mathscr{D}$ 内趋近于 E 中的点), 由 $\mathscr{D}$ 的构造, 从 $\mathscr{D}$ 内趋近于 E 中的点与从 D 内趋近于 E 中的点是一样的, 所以 f 在 E 上几乎处处有非切向极限, 即 f 在 C 上几乎处处有非切向极限. □

定理 5.12. (Privalov 唯一性定理) 设 f 是 $\{z\colon |z|<1\}$ 上的解析函数, 若存在 $\{z\colon |z|=1\}$ 的具有正测度的子集 E, 对 E 中任意点 $e^{i\varphi}$, $\lim_{z\to e^{i\varphi}, \triangleleft} f(z) = 0$, 则 $f\equiv 0$.

证明: 取 $r_n = 1 - \frac{1}{n}$ $(n\geqslant 3)$. 对 $\zeta\colon |\zeta|=1$, 令

$$M_f(\zeta) = \sup\{|f(z)|\colon z\in S_\zeta\},$$

$$M_n(\zeta) = \sup\left\{|f(z)|\colon \frac{1}{\sqrt{2}}\leqslant |z|\leqslant r_n,\ |\arg(r_n\zeta - z)|\leqslant \frac{\pi}{4}\right\},$$

$$P_n(\zeta) = \sup\{|f(z)|\colon z\in S_\zeta, |z|\geqslant r_n\}.$$

因为 f 在 $|z|\leqslant r_n$ 上是连续的, 所以 $M_n(\zeta)$ 也是连续的, 由 $M_n(\zeta)\to M_f(\zeta)$ $(n\to\infty)$ 得 $M_f(\zeta)$ 是 Lebesgue 可测的. 同理 $P_n(\zeta)$ 也是 Lebesgue 可测的, 于是 $G=\{\zeta\colon |\zeta|=1, P_n(\zeta)\to 0\,(n\to\infty)\}$ 也是可测的, 由定理条件知, 当 $\zeta\in E$ 时, $P_n(\zeta)\to 0$ $(n\to\infty)$, $|E|>0$, 所以 $|G|>0$. 由 Egoroff 定理, 存在可测子集 $E_0\subset G$, $|E_0|>0$, 且在 E_0 上, $P_n(\zeta)\rightrightarrows 0$ $(n\to\infty)$, 取 E_0 中的闭子集 E_1, $|E_1|>0$, 由 E_1 就可以构造区域 $\mathscr{D}\subset\{|z|<1\}$, 而且 $f(z)\rightrightarrows 0$ $(|z|\to 1)$, $z\in\mathscr{D}$. 若定义 $f(z)=0$, $z\in E_1$, 则 f 可以连续地延拓到 $\overline{\mathscr{D}}$ 上, 且限制在 $\mathscr{D}$ 上是解析的, 由于 $\partial\mathscr{D}$ 是可求长的 Jordan 曲线, 对任意共形满射 $\varphi\colon \{|\omega|<1\}\to\mathscr{D}$, 令 $F(\omega)=f(\varphi(\omega))$, 由 Caratheodory 定理, φ 可以连续地延拓到 $\{|\omega|=1\}$ 上, 并将圆周 1-1 连续映射到 $\partial\mathscr{D}$, 所以 $F(\omega)$ 可以连续地延拓到 $\{|\omega|=1\}$ 上. 令 $S=\varphi^{-1}(E_1)$, 由 Riesz 定理 5.10, $|S|>0$ (因为 $|E_1|>0$), 且当 $\omega\in S$ 时, $F(\omega)=0$, 于是由命题 5.3 得 $F\equiv 0$, 即 $f\equiv 0$. $\square$

推论 5.2. 设 f_1, f_2 是 $\{z\colon |z|<1\}$ 上的全纯函数, 且在 $\{z\colon |z|=1\}$ 的具有正测度的子集 E 上有相同的非切向极限, 则 $f_1\equiv f_2$.

注 5.4. 例 5.1 说明定理 5.12 对调和函数不成立.

在定理 5.12 中, 如果函数是亚纯的, 情形如何? 我们有

定理 5.13. 设 f 是 $\{z\colon |z|<1\}$ 上的亚纯函数, 若存在 $\{z\colon |z|=1\}$ 的具有正测度的子集 E, 对 E 中任意点 $e^{i\varphi}$, $\lim_{z\to e^{i\varphi},\triangleleft} f(z)=0$, 则 $f\equiv 0$.

证明: 同定理 5.12 的前半部分, 得到 $|z|=1$ 上的闭子集 E_1 以及由它得到的 $\mathscr{D}$, 而且 $f(z)\rightrightarrows 0$ $(|z|\to 1, z\in \mathscr{D})$, 这说明存在 $r<1$, 使得 $f(z)$ 在 $\mathscr{D}\cap\{|z|>r\}$ 上没有极点, 也就是说 f 在 $\mathscr{D}$ 中的极点都在 $|z|\leqslant r$ 内. 由于 f 是亚纯的, 它在 $|z|\leqslant r$ 内的极点有有限个, 设为 $z_1,\ldots,z_m$, 令

$$g(z)=(z-z_1)(z-z_2)\cdots(z-z_m)f(z),$$

则 $g(z)$ 在 $\mathscr{D}$ 上是正规的, 且在 $\overline{\mathscr{D}}$ 上连续, 于是对 $g(z)$ 应用定理 5.12, 得 $g\equiv 0$, 从而 $f\equiv 0$. $\square$

命题 5.6. 设 $f=U+iV\colon D\to \mathbb{C}$ 是全纯单射, Ω 是 D 中开集, 则 $f(\Omega)$ 的面积为

$$A(f(\Omega))=\int_\Omega |f'|^2 dxdy.$$

证明: 令 $\widetilde{f}\colon D\to \mathbb{R}^2$, $\widetilde{f}=(U,V)$, 则 $f(\Omega)$ 的面积为

$$A(f(\Omega))=\int_\Omega |\operatorname{Jac}\widetilde{f}|dxdy,$$

其中 $\widetilde{f}$ 的 Jacobi 行列式为

$$|\operatorname{Jac}\widetilde{f}|=\begin{vmatrix}U_x & U_y\\ V_x & V_y\end{vmatrix}=\begin{vmatrix}U_x & U_y\\ -U_y & U_x\end{vmatrix}=U_x^2+U_y^2=|U_x-iU_y|^2=|f'(z)|^2.$$

所以

$$A(f(\Omega))=\int_\Omega |f'|^2 dxdy. \quad\square$$

下面给出一个用面积来说明非切向极限存在的结论.

定理 5.14. (Marcinkiewicz-Zygmund-Spencer [85, p. 207]) 设 $f\colon D\to \mathbb{C}$ 是全纯函数, 则对 $\{z\colon |z|=1\}$ 上几乎所有的点 $e^{i\varphi}$, 存在以 $e^{i\varphi}$ 为顶点的三角形区域 T_φ, 使得 $A(f(T_\varphi))=\int_{T_\varphi}|f'|^2 dxdy<\infty$, 当且仅当对 $\{z\colon |z|=1\}$ 上几乎所有的点 $e^{i\varphi}$, $\lim_{z\to e^{i\varphi},\triangleleft} f(z)$ 存在.

证明这个定理之前，我们先需要一个引理．

$\forall \delta: 0 < \delta < 1$，令 C_δ 表示圆周 $\{|z|=\delta\}$，Ω_δ 表示从 $z=1$ 到 C_δ 的两条切线以及两个切点在 C_δ 上的大圆弧围成的区域，显然 $\Omega_\delta \to D \ (\delta \to 1)$．

引理 5.1. 若 D 上的函数 $F(z) = \sum c_m z^m \in H_2$，则对任意 $\delta < 1$，有

$$\int_0^{2\pi} A(F(\Omega_\delta)) \leqslant A_\delta \sum |c_m|^2. \tag{5.4.1}$$

特别地，对任意 $\theta \in [0, 2\pi]$ 和 $\delta < 1$，$A(F(\Omega_\delta))$ 有界，其中 A_δ 是与 δ 有关的常数．

证明：设 $\mathscr{X}_\theta(z)$ 表示 $\Omega_\delta(\theta)$ 的特征函数，则 (5.4.1) 的左边为

$$\int_0^{2\pi} \int_D |F'(z)|^2 \mathscr{X}_\theta(z) d\sigma = \int_D |F'(z)|^2 \left\{ \int_0^{2\pi} \mathscr{X}_\theta(z) d\theta \right\} d\sigma. \tag{5.4.2}$$

固定 z，将 $\mathscr{X}_\theta(z)$ 看成 θ 的函数，当 $|z| < \delta$ 时，对任意 θ，$\mathscr{X}_\theta(z) = 1$，$\int_0^{2\pi} \mathscr{X}_\theta(z) d\theta = 2\pi$．当 $|z| \geqslant \delta$ 时，除了在圆周 C 上长度小于 $C(\delta)(1-|z|)$ 的一段弧上的 θ 以外，$\mathscr{X}_\theta(z) = 0$，所以 $\int_0^{2\pi} \mathscr{X}_\theta(z) d\theta \leqslant A_\delta (1-|z|)$．于是 (5.4.2) 的右边为

$$\int_D |F'(z)|^2 \left\{ \int_0^{2\pi} \mathscr{X}_\theta(z) d\theta \right\} d\sigma \leqslant A_\delta \int_D (1-r)|F'(z)|^2 d\sigma.$$

而

$$\begin{aligned}
\int_D (1-r)|F'(z)|^2 d\sigma &= \int_0^1 \int_0^{2\pi} (1-r)|F'(re^{it})|^2 r \, dr \, dt \\
&= 2\pi \int_0^1 (1-r) \sum m^2 |c_m|^2 r^{2m-1} dr \\
&= 2\pi \sum m^2 |c_m|^2 \int_0^1 (1-r) r^{2m-1} dr \\
&= 2\pi \sum \frac{m^2}{2m(2m+1)} |c_m|^2 \\
&\leqslant 2\pi \sum |c_m|^2.
\end{aligned}$$

引理证毕． $\square$

§5.4 局部 Fatou 定理和 Privalov 唯一性定理

定理 5.14 的证明: 充分性: 设 $H = \{\varphi \mid f \text{ 在 } T_\varphi \text{ 上有界}\}$, $H_n = \{\varphi \mid f(z) \leqslant n, z \in T_\varphi\}$, 则 $H = H_1 + H_2 + \cdots$. 现在固定 n, 令 $P = H_n$, $U = \cup_{\varphi \in P} T_\varphi$. 令 $z = \phi(\zeta)\colon D \to U$ 将 D 共形地映到 U, 则 $F = f \circ \phi$ 在 D 上是正则的而且有界, 由引理 5.1, $A(F(T_\varphi))$ 有界. 取 $z^* = e^{i\varphi^*} \in \Pi = \{e^{i\theta}, \theta \in P\}$, 令 $z^* = \phi(\zeta^*)$, $\zeta^* = e^{i\theta^*}$, 则几乎所有的点 ζ^* 有下列性质:

(i) ∂U 在 ζ^* 处有切线, 则 ϕ 在 ζ^* 处是共形的;

(ii) $A(F(T_{\theta^*})) < \infty$.

令 $\overline{T} = \phi^{-1}(T_{\varphi^*})$, 则

$$\int_{\overline{T}} |F'(\zeta)|^2 d\xi d\eta = \int_{T_{\varphi^*}} \left|\frac{d}{dz}F(\zeta)\frac{dz}{d\zeta}\right|^2 \left|\frac{d\zeta}{dz}\right|^2 dxdy = \int_{T_{\varphi^*}} |f'(z)|^2 dxdy.$$

因为 $\overline{T}$ 中点 $\zeta^* = e^{i\theta^*}$ 的小邻域包含在某 T_{θ^*} 中, 由 (i) 和 (ii), 上式左边有限, 从而右边也有限.

必要性: 令 $P = E_n = \{\varphi \mid A(f(T_\varphi)) \leqslant n\}$, 由 Fatou 引理, P 是闭的, 令 $U = \cup_{\varphi \in P} T_\varphi$, 设 $z = \phi(\zeta)\colon D \to U$ 将 D 共形地映到 U, 而且满足 $\phi(0) = 0$. 令 $F = f \circ \phi$, 因为 $|\phi(\zeta)| < 1$, 由 Schwarz 引理得

$$|\phi(\zeta)| \leqslant |\zeta|. \tag{5.4.3}$$

令 $U(r) = U \cap \{|z| \leqslant r\}$, $U_*(r) = \{\phi(\zeta)\colon |\zeta| \leqslant r\}$, 由 (5.4.3), $U_*(r) \subset U(r)$, 则

$$\begin{aligned} S(r, F) &= \int_{|\zeta| \leqslant r} |F'(\zeta)|^2 d\sigma \\ &= \int_{U_*(r)} |f'(z)|^2 d\sigma \\ &\leqslant \int_{U(r)} |f'(z)|^2 d\sigma \\ &= \int_{|z|=r} |f'(z)|^2 \mathscr{X} d\sigma, \end{aligned}$$

其中 $\mathscr{X}$ 是 U 的特征函数, 于是交换积分次序 (见引理 5.1 的证明) 得

$$\int_0^1 S(r,F)dr \leqslant C \int_{|z|<1} (1-r)|f'(re^{i\varphi})|^2 \mathscr{X}(e^{i\varphi})d\sigma$$
$$\leqslant C \int_0^{2\pi} d\varphi \int_{T_\varphi} |f'|^2 \mathscr{X} d\sigma. \tag{5.4.4}$$

如果 $\varphi \in P$, 则 $A(f(T_\varphi)) \leqslant n$, 所以上式右端有界. 如果 φ 属于与 P 相邻的区间 (α_k,β_k), T_φ 落在 T_{α_k}, T_{β_k} 以及一个曲边三角形 (类似于局部 Fatou 定理中的 T_k, 而且 $\mathscr{X}$ 在其上为零) 的并里, 于是

$$\int_{T_\varphi} |f'|^2 \mathscr{X} d\sigma \leqslant \int_{T_{\alpha_k}} |f'|^2 d\sigma + \int_{T_{\beta_k}} |f'|^2 d\sigma \leqslant 2n.$$

所以 (5.4.4) 右端有界, 即 $F \in H_2$, F 几乎处处有非切向极限, 从而类似于局部 Fatou 定理中的处理, 知 f 几乎处处有非切向极限. □

注 5.5. 为使几乎处处有非切向极限, 定理 5.11 中要求 $f(T_\varphi)$ 在 $\mathbb{C}$ 中有界; 而定理 5.14 中只要求 $f(T_\varphi)$ 的面积是有限的, 它可能是一个无界集.

在定理 5.14 中, 如果函数 f 是亚纯函数, 我们有结论:

定理 5.15. 设 $f: D \to \mathbb{C} \cup \{\infty\} = S^2$ 是亚纯函数, 且对 $\{z: |z|=1\}$ 上几乎所有的点 $e^{i\varphi}$, 存在以 $e^{i\varphi}$ 为顶点的三角形区域 T_φ, 使得 $f(T_\varphi) \subset S^2$ 的面积有限 (通过球极投影), 即

$$A(f(T_\varphi)) = \int_{T_\varphi} \frac{|f'|^2}{(1+|f|^2)^2} dxdy < \infty,$$

则对 $\{z: |z|=1\}$ 上几乎所有的点 $e^{i\varphi}$, $\lim_{z \to e^{i\varphi}, \triangleleft} f(z)$ 存在.

有了以上的准备以后, 我们下面来考虑由测度给出的 Poisson 积分的边界行为.

定理 5.16. 设 $U(z)$ 是定义在 $\{z: |z|<1\}$ 上的调和函数, $U = P[\mu]$,

$$P[\mu](z) = U(re^{i\theta}) = \frac{1}{2\pi} \int_{-\pi}^{\pi} \frac{1-r^2}{1-2r\cos(\theta-t)+r^2} d\mu(t),$$

则对几乎所有的点 $e^{i\varphi} \in \{z: |z|=1\}$, $\lim_{z \to e^{i\varphi}, \triangleleft} U(z)$ 存在.

§5.5 调和共轭的边界行为

定理 5.17. (M. Riesz) 设 $f \in L_p$, $1 < p < \infty$,
$$U(re^{i\theta}) = \frac{1}{2\pi} \int_{-\pi}^{\pi} \frac{(1-r^2)}{1 - 2r\cos(\theta - t) + r^2} f(t)dt,$$
$\tilde{U}$ 是 U 的调和共轭, 且 $\tilde{U}(0) = 0$, 这里的 f 总认为是周期为 2π 的, 则
$$\tilde{f}(\theta) = \frac{1}{\pi} \lim_{\varepsilon \to 0} \int_{\varepsilon}^{\pi} \frac{f(\theta - t) - f(\theta + t)}{2\tan(t/2)} dt$$
几乎处处存在, $\tilde{f} \in L_p$,
$$\tilde{U}(re^{i\theta}) = \frac{1}{2\pi} \int_{-\pi}^{\pi} \frac{(1-r^2)}{1 - 2r\cos(\theta - t) + r^2} \tilde{f}(t)dt, \quad r < 1.$$
且存在仅依赖于 p 的常数 K_p, 使得 $\|\tilde{f}\|_p \leqslant K_p \|f\|_p$.

略证如下: $p = 2$ 的情形见 [37, I.E], 我们只证明 $1 < p < 2$ 的情形. 首先证明当 $1 < p < 2$ 时, 下式成立:
$$\int_{-\pi}^{\pi} |\tilde{U}(re^{i\theta})|^p d\theta \leqslant (K_p \|f\|_p)^p, \quad 0 \leqslant r < 1. \tag{$*$}$$
因为可以将 $f \in L_p$ 分解成两个非负函数的差 $f = f_+ - f_-$, 再考虑到 L_p 范数的三角不等式和下式:
$$\|f\|_p^p = \|f_+\|_p^p + \|f_-\|_p^p \geqslant C_p(\|f_+\|_p + \|f_-\|_p)^p,$$
可以不妨设 $f \geqslant 0$, 令 $F(z) = U(z) + i\tilde{U}(z)$, $G(z) = (F(z))^p$, $|z| < 1$. 因为 $F(0) = U(0) \geqslant 0$, 由 Cauchy 定理,
$$\int_{-\pi}^{\pi} \operatorname{Re} G(re^{i\theta}) d\theta = 2\pi G(0) = 2\pi (U(0))^p \geqslant 0.$$
下面将 $[-\pi, \pi]$ 分解成两个互补的子集 E_1 和 E_2, 取 γ: $0 < \gamma < \pi/2$, 使得 $\pi/2 < p\gamma < \pi$, 令
$$E_1 = \{\theta \mid -\gamma \leqslant \arg F(re^{i\theta}) \leqslant \gamma\},$$
$$E_2 = \{\theta \mid \gamma \leqslant |\arg F(re^{i\theta})| \leqslant \pi/2\}.$$

因为 $\operatorname{Re} F(z) > 0$, 所以 $|\arg F(z)| < \pi/2$, $[-\pi, \pi] = E_1 \cup E_2$, 于是

$$\int_{E_1} \operatorname{Re} G(re^{i\theta}) d\theta + \int_{E_2} \operatorname{Re} G(re^{i\theta}) d\theta = \int_{-\pi}^{\pi} \operatorname{Re} G(re^{i\theta}) d\theta \geqslant 0. \quad (**)$$

当 $\theta \in E_2$ 时, $\pi/2 < p\gamma < |\arg G(re^{i\theta})| < \pi$, 所以

$$0 < \operatorname{Re} G(re^{i\theta}) \leqslant -|G(re^{i\theta})| |\cos p\gamma|.$$

由 $(**)$ 得

$$|\cos p\gamma| \int_{E_2} |G(re^{i\theta})| d\theta \leqslant \int_{E_1} \operatorname{Re} G(re^{i\theta}) d\theta.$$

同样, 当 $\theta \in E_1$ 时, $|F(re^{i\theta})| \leqslant |U(re^{i\theta})|/\cos\gamma$, $|G(re^{i\theta})| \leqslant \cos^{-p}\gamma |U(re^{i\theta})|^p$, 代入上式得

$$\int_{E_2} |G(re^{i\theta})| d\theta \leqslant |\sec p\gamma| \int_{E_1} \operatorname{Re} G(re^{i\theta}) d\theta \leqslant |\sec p\gamma| \cos^{-p}\gamma \int_{E_1} |U(re^{i\theta})|^p d\theta.$$

同理可得

$$\int_{E_1} |G(re^{i\theta})| d\theta \leqslant \cos^{-p}\gamma \int_{E_1} |U(re^{i\theta})|^p d\theta.$$

于是由上两式得

$$\int_{-\pi}^{\pi} |G(re^{i\theta})| d\theta \leqslant \frac{1 + |\sec p\gamma|}{\cos^p \gamma} \int_{E_1} |U(re^{i\theta})|^p d\theta,$$

所以

$$\int_{-\pi}^{\pi} |\tilde{U}(re^{i\theta})|^p d\theta \leqslant \frac{1 + |\sec p\gamma|}{\cos^p \gamma} \int_{E_1} |U(re^{i\theta})|^p d\theta.$$

再由 Poisson 核的性质, 得

$$\int_{-\pi}^{\pi} |\tilde{U}(re^{i\theta})|^p d\theta \leqslant \frac{1 + |\sec p\gamma|}{\cos^p \gamma} \|f\|_p^p.$$

于是由定理 5.3, 存在 $g \in L_p$, 使得

$$\tilde{U}(re^{i\theta}) = \frac{1}{2\pi} \int_{-\pi}^{\pi} \frac{(1-r^2)}{1 - 2r\cos(\theta-t) + r^2} g(t) dt.$$

可以证明 $g(\theta) = f(\theta)$ a.e. (见 [37, I.E.4]).

定理 5.18. 如果调和函数 $U: D \to \mathbb{C}$ 的非切向极限几乎处处存在,则其调和共轭 $\tilde{U}$ 的非切向极限也几乎处处存在.

证明: 由局部的 Fatou 定理, U 是几乎处处非切向有界, 由冰激凌锥构造, 可得区域 $\mathscr{D} \subset D$, U 在 $\mathscr{D}$ 上有界, 特别地, 当 $p > 1$ 时有

$$\int_{-\pi}^{\pi} |U(re^{i\theta})|^p d\theta$$

有界. 由定理 5.3, 存在 $f \in L_p([-\pi, \pi])$, 使得

$$U(re^{i\theta}) = \frac{1}{2\pi} \int_{-\pi}^{\pi} P_r(\theta - t) f(t) dt, \quad r < 1.$$

由定理 5.17,

$$\int_{-\pi}^{\pi} |\tilde{U}(re^{i\theta})|^p d\theta$$

有界. 再由定理 5.9, $\tilde{U}$ 的非切向极限也几乎处处存在.

§5.6 极小曲面的凸包

在第四章我们知道, Jorge 和 Xavier 构造了 $\mathbb{R}^3$ 中位于两平行平面之间非平面的完备极小曲面, Nadirashvili 给出了包含在 $\mathbb{R}^3$ 中有界的非平面的完备极小曲面. 但是如果要求完备极小曲面的曲率是有界的, 则其一定是平面, 即

定理 5.19. ([74]) $\mathbb{R}^3$ 中具有有界曲率的非平坦完备极小曲面的凸包 (convex hull) 是整个空间, 所以不可能包含在 $\mathbb{R}^3$ 的半空间中.

注: 由此知, Calabi 猜想反例的曲率均是无界的.

注: 当完备极小曲面是逆紧浸入时, Hoffman 和 Meeks 证明了同样的结果.

定理的证明要利用前面讲的关于全纯函数的边界行为以及下面的子流形理论中的一个结论.

引理 5.2. ([74, p.181] 和 [36, p.79]) 设 $M, \overline{M}$ 是黎曼流形, M 完备, $\dim M < \dim \overline{M}$, $I: M \to \overline{M}$ 是具有有界第二基本形式的等距浸入, 则 $\forall p \in \overline{M}$, 存在闭球 $B(p)$, 使得 $I^{-1}(B(p))$ 的每个连通分支都是紧的.

定理 5.19 的证明: (反证) 假定结论不成立, 即存在包含在半空间 $\{(x,y,z): z > 0\}$ 中的极小曲面 $I: M \to \{(x,y,z): z > 0\}$, 不妨设 M 是单连通的, 否则考虑 M 的万有覆叠 $\widetilde{M}$. 于是由完备性, 可设 $M = D$ 或 $\mathbb{C}$, $I = (I_1, I_2, I_3)$. 因为 I_3 是正的非常数的调和函数, 所以 $M \neq \mathbb{C}$, 即 $M = D$. 设曲面的 Weierstrass 表示为

$$\begin{cases} I_1(z) = a_1 + \operatorname{Re} \dfrac{1}{2} \int_p^z f(1-g^2), \\ I_2(z) = a_2 + \operatorname{Re} \dfrac{i}{2} \int_p^z f(1+g^2), \\ I_3(z) = a_3 + \operatorname{Re} \int_p^z fg, \end{cases}$$

则曲面的曲率是

$$K = -\left[\frac{4|g'|}{|f|(1+|g|^2)^2}\right]^2.$$

由定理条件, 存在常数 C, 使得

$$\frac{|g'|^2}{|f|^2(1+|g|^2)^4} \leqslant C,$$

两边同乘 $|f|^2|g|^2$ 得

$$\frac{|g'|^2|g|^2}{(1+|g|^2)^4} \leqslant C|f|^2|g|^2.$$

令 $h = g^2$, 得

$$\frac{|h'|^2}{(1+|h|)^4} \leqslant C'|f|^2|g|^2.$$

再由

$$0 < C_1 \leqslant \frac{(1+t)^4}{(1+t^2)^2} \leqslant C_2$$

得

$$\frac{|h'|^2}{(1+|h|^2)^2} \leqslant C''|f|^2|g|^2.$$

因为 I_3 是 D 上的正的调和函数, 由推论 5.1 知, 对 $\{z\colon |z|=1\}$ 上几乎所有的点 $e^{i\varphi}$, I_3 的非切向极限均存在, 由定理 5.14, 对几乎所有的点 $e^{i\varphi}$, 存在 T_φ, 使得

$$\int_{T_\varphi} |fg|^2 < \infty. \tag{5.6.1}$$

由上两式有

$$\int_{T_\varphi} \frac{|h'|^2}{(1+|h|^2)^2} < \infty.$$

再由定理 5.15, h 的非切向极限均几乎处处存在且有限. 由定理 5.11, $h = g^2$ 几乎处处非切向有界, 即 g 几乎处处非切向有界, 再由定理 5.11, g 的非切向极限均几乎处处存在. 设

$$\lim_{z \to e^{i\varphi}, \triangleleft} g(z) = b(\varphi),$$

$E = \{e^{i\varphi}\colon b(\varphi) = 0, \pm 1, \pm i, \infty\}$, 于是由定理 5.12 得, E 的测度为零 (即为 6 个零测集的并). 另外, 在 E 外, 由

$$C_3 |f|^2 |g|^2 \leqslant |f|^2 (1+|g|^2)^2 \leqslant C_4 |f|^2 |g|^2,$$
$$C_5 |f|^2 |g|^2 \leqslant |f|^2 (1-|g|^2)^2 \leqslant C_6 |f|^2 |g|^2$$

及 (5.6.1), 得

$$\int_{T_\varphi} |f|^2 (1+g^2)^2 < \infty, \quad \int_{T_\varphi} |f|^2 (1-g^2)^2 < \infty.$$

再由定理 5.14 得, I_1, I_2 的非切向极限均几乎处处存在.

至此, 我们得到了 I_j ($j=1,2,3$) 的非切向极限均几乎处处存在, 设

$$\lim_{z \to e^{i\varphi}, \triangleleft} I_j(z) = b_j, \quad j = 1,2,3.$$

特别沿径向的极限也存在, 即对几乎所有的 φ, 有

$$\lim_{r \to 1} I_j(re^{i\varphi}) = b_j, \quad j = 1,2,3.$$

在引理 5.2 中, 令 $p = (b_1, b_2, b_3)$, $\overline{M} = \mathbb{R}^3$. 考虑到由 $k_1 + k_2 = 0$ 可得 $k_1^2 + k_2^2 = -2k_1k_2 = -2K$, 即曲面的第二基本形式有界, 于是存在一个闭球 $B_\varepsilon(p)$, 使得 $I^{-1}(B_\varepsilon(p))$ 的每个连通分支都是紧的. 但是无论 ε 多小, $I^{-1}(B_\varepsilon(p))$ 中包含一个开线段 $\{re^{i\varphi}, b \leqslant r < 1\}$, 而且包含该线段的分支是非紧的, 矛盾. □

注 5.6. 定理 5.19 也可以写成下列形式:

设 M_1, M_2 是两个互不相交的具有有界曲率的完备极小曲面, 若 M_1 是平面, 则 M_2 是与 M_1 平行的平面.

Bessa-Jorge-Filho ([3]) 将其推广为:

若 M_1, M_2 是两个互不相交的具有有界曲率的完备极小曲面, 则 M_1, M_2 是平行平面.

§5.7 具有有界曲率的嵌入极小曲面

我们可以很容易地构造 $\mathbb{R}^3$ 中完备的单连通浸入极小曲面, 但是却很难构造完备的单连通嵌入极小曲面. 到目前为止, 仅有的例子是平面和螺旋面, 那么是不是就没有其他的例子了呢? 本节我们在一些几何条件的限制下来证明这个猜测. 首先我们要证明

定理 5.20. 设 U 是单位圆盘 D 上的实值调和函数, 若存在 $c \in \mathbb{R}$, 使得

(i) $U^{-1}(c)$ 仅有有限多个连通分支;

(ii) ∇U 在 $U^{-1}(c)$ 中至多有限多个点处不为零,

则 U 的非切向极限几乎处处存在.

证明: 设 $\tilde{U}$ 是 U 的调和共轭, $F = U + i\tilde{U}$ 是相应的全纯函数, S 是 $U^{-1}(c)$ 的奇异集, 即 $S = \{x \mid x \in U^{-1}(c), \nabla U(x) = 0\}$. 因为 U 是调和的, S 是有限集, $U^{-1}(c) \backslash S$ 有有限多个连通分支 $C_1, C_2, \ldots, C_m$, 由 Cauchy-Riemann 条件得, $|\nabla U| = |\nabla \tilde{U}|$, $\langle \nabla U, \nabla \tilde{U} \rangle = 0$, 所以 $\tilde{U}$ 的梯度线就是 U 的水

平线, 特别地, $\tilde{U}$ 在每个 C_i 上的限制是严格单调的. 设 $L = \{z \mid \operatorname{Re} z = c\}$,

$$\Sigma = \{\alpha \mid \exists\, z_n \in F^{-1}(L), |z_n| \to 1, F(z_n) \to \alpha\} \subset L.$$

因为 $U^{-1}(c)\backslash S$ 有有限多个连通分支, 由单调性知 Σ 是有限的, 如果 V 是 L 中的与 $\Sigma \cup F(S)$ 不相交的非平凡的闭线段, 则 $F^{-1}(V)$ 是 D 中的相对紧集, 于是存在 $r_0 < 1$, F 限制在平环 $A = \{z \mid r_0 < |z| < 1\}$ 上缺省一条非空的开线段.

取单连通区域 $\Omega \subset A$, 使得 $\partial\Omega$ 是可求长的, 而且包含 A 的外边界上的一段弧 Γ. 令 $\varphi: D \to \Omega$ 是共形等价, $\psi = F \circ \varphi: D \to \mathbb{C}$, 则 ψ 缺省一条线段, 由 [61, p. 76], 存在 D 上正的调和函数 h, 使得 $\log(1 + |\psi|^2) \leqslant h$, 因为 h 是正的调和函数, 由定理 5.5 和定理 5.8, h 的非切向极限几乎处处存在, 所以几乎处处非切向有界, 再由 $\log(1 + |\psi|^2) \leqslant h$ 知 ψ 也几乎处处非切向有界, 由局部 Fatou 定理 (定理 5.11), ψ 的非切向极限几乎处处存在, 由 Lindelof 定理和 Riesz 定理, F 在 $\partial\Omega$ 上的非切向极限几乎处处存在, 特别在弧 $\Gamma \subset \partial D \cap \partial\Omega$ 上的非切向极限几乎处处存在, 改变 Ω, 使得所有的 Γ 的并是 ∂D, 则 F 在 ∂D 上的非切向极限几乎处处存在, 所以 $U = \operatorname{Re} F$ 在 $\partial\Omega$ 上的非切向极限几乎处处存在. $\square$

注 5.7. 若 U 是定义在 $\mathbb{C}$ 上的实值调和函数且满足定理中的条件 (i) 和 (ii), 则 U 是某个多项式的实部. 事实上, 同定理中的说明, 全纯函数 $F = U + i\tilde{U}$ 限制到足够大的圆盘的补集上, 缺省直线 $L = \{z \mid \operatorname{Re} z = c\}$ 的非平凡的一段区间, 由 Picard 定理, F 一定是多项式.

由上节的定理 5.19, 我们知道当曲面 M 具有有界曲率时, 若存在一个平面 Π, 使得 $\Pi \cap M = \emptyset$, 则 M 一定是平面, 甚至曲面仅是浸入的. 所以只要浸入极小曲面 M 是非平坦的, 则 M 与任意的平面都相交, 下面我们分别对这些交线做些限制, 从而得到唯一性结果.

定理 5.21. 设 M 是 $\mathbb{R}^3$ 中完备的单连通的具有有界 Gauss 曲率的嵌入极

小曲面, 若存在两个不平行的平面 Π_j, $j=1,2$, 使得 $\Pi_j \cap M$ 有有限多个连通分支, 而且它们的交 (可能) 除了有限多个点以外是横截的, 则 M 是平面.

证明: 首先证明 (方法与定理 5.19 的证明类似) 定理中的 M 一定不是双曲的, 假设存在一个平面 Π (设其为水平的), $\Pi \cap M$ 有有限多个连通分支, 而且 (可能) 除了有限多个点以外是横截相交. 若 M 是双曲的, 设其 Weierstrass 表示函数为 D 上的函数 f, g, 则 f 是全纯的, g 是亚纯的, f 的零点与 g^2 的极点相同, 而且阶数也相同, 极小嵌入可以表示为

$$I: D \to \mathbb{R}^3, \quad I(z) = \left(\operatorname{Re} \frac{1}{2} \int_0^z f(1-g^2),\ \operatorname{Re} \frac{i}{2} \int_0^z f(1+g^2),\ \operatorname{Re} \int_0^z fg\right),$$

则曲面的曲率是

$$K = -\left[\frac{4|g'|}{|f|(1+|g|^2)^2}\right]^2.$$

由定理条件, 存在常数 C, 使得

$$\frac{|g'|^2}{|f|^2(1+|g|^2)^4} \leqslant C,$$

两边同乘 $|f|^2|g|^2$ 得

$$\frac{|g'|^2|g|^2}{(1+|g|^2)^4} \leqslant C|f|^2|g|^2.$$

令 $h = g^2$, 得

$$\frac{|h'|^2}{(1+|h|)^4} \leqslant C'|f|^2|g|^2.$$

再由

$$0 < C_1 \leqslant \frac{(1+t)^4}{(1+t^2)^2} \leqslant C_2$$

得

$$\frac{|h'|^2}{(1+|h|^2)^2} \leqslant C''|fg|^2.$$

由定理 5.20, I_3 的非切向极限几乎处处存在, 再由定理 5.14, 对几乎所有的点 $e^{i\varphi}$, 存在 T_φ, 使得

$$\int_{T_\varphi} |fg|^2 < \infty. \tag{5.7.1}$$

§5.7 具有有界曲率的嵌入极小曲面

由上两式有

$$\int_{T_\varphi} \frac{|h'|^2}{(1+|h|^2)^2} < \infty.$$

再由定理 5.15, h 的非切向极限均几乎处处存在, 由定理 5.11, $h = g^2$ 几乎处处非切向有界, 即 g 几乎处处非切向有界, 再由定理 5.11, g 的非切向极限均几乎处处存在. 设

$$\lim_{z \to e^{i\varphi}, \sphericalangle} g(z) = b(\varphi)$$

和 $E = \{e^{i\varphi} \mid b(\varphi) = 0, \pm 1, \pm i, \infty\} \cup \{e^{i\varphi} \mid g 在 e^{i\varphi} 处不是非切向有界的\}$, 于是由定理 5.12 得, E 的测度为零 (即为零测集的并). 另外, 在 E 外, 由

$$C_3|f|^2|g|^2 \leqslant |f|^2(1+|g|^2)^2 \leqslant C_4|f|^2|g|^2,$$
$$C_5|f|^2|g|^2 \leqslant |f|^2(1-|g|^2)^2 \leqslant C_6|f|^2|g|^2$$

及 (5.7.1) 式, 得

$$\int_{T_\varphi} |f|^2(1+g^2)^2 < \infty, \quad \int_{T_\varphi} |f|^2(1-g^2)^2 < \infty.$$

再由定理 5.14 得, I_1, I_2 的非切向极限均几乎处处存在.

至此, 我们已经得到了 I_j ($j = 1, 2, 3$) 的非切向极限均几乎处处存在, 设

$$\lim_{z \to e^{i\varphi}, \sphericalangle} I_j(z) = b_j, \quad j = 1, 2, 3.$$

特别沿径向的极限也存在, 即对几乎所有的 φ, 有

$$\lim_{r \to 1} I_j(re^{i\varphi}) = b_j, \quad j = 1, 2, 3.$$

在引理 5.2 中, 令 $p = (b_1, b_2, b_3)$, $\overline{M} = \mathbb{R}^3$. 考虑到由 $k_1 + k_2 = 0$ 可得 $k_1^2 + k_2^2 = -2k_1k_2 = -2K$, 即曲面的第二基本形式有界, 于是存在一个闭球 $B_\varepsilon(p)$, 使得 $I^{-1}(B_\varepsilon(p))$ 的每个连通分支都是紧的. 但是无论 ε 多小, $I^{-1}(B_\varepsilon(p))$ 中包含一个开线段 $\{re^{i\varphi}, b \leqslant r < 1\}$, 而且包含该线段的分支是非紧的, 矛盾.

也可以用双曲几何的观点来导出矛盾. 因为 M 是曲率有界的, 由广义的 Schwarz 引理 ([84]), 规范化曲率的下界以后, 即 $K \geqslant -1$, 度量 $\lambda|dz|$ 要比 D 上曲率为常值 -1 的 Poincaré 度量 $\mu|dz|$ 大, 即 $\lambda \geqslant \mu$, 故可以比较两个度量下的测地球 (如中心相同, 半径为 1 的球), 即 $B^\lambda \subset B^\mu$. 同前, 固定 φ, 设 $\lim_{r \to 1} I_j(re^{i\varphi}) = b_j$, $j = 1, 2, 3$, $p = (b_1, b_2, b_3)$,. 由初等双曲几何的知识, 所有中心在 $re^{i\varphi}$ ($1/2 < r < 1$), 半径为 1 的双曲球的并都落在某三角形区域 T_φ 中, 于是当 $r \to 1$ 时, 中心在 $re^{i\varphi}$, 半径为 1 的 λ-球被 I 映到点 $p \in \mathbb{R}^3$ 的越来越小的邻域中. 由于曲面是极小的以及 Gauss 曲率有界, 由 Gauss 方程, 曲面的第二基本形式也是有界的, 于是我们得到完备曲面中一列半径相同且具有有界第二基本形式的测地球覆叠点 $p \in \mathbb{R}^3$, 而这与函数 $x \to |x - p|^2$ 的凸性是矛盾的.

由于我们已经证明了满足定理条件的 M 一定不是双曲的, 于是我们可以假设 M 与复平面共形, 由注 5.7, $I_3(z)$ 是多项式, 故 $P = fg$ 也是多项式, 设其为 n 次多项式. 因为 Gauss 曲率有界, 有

$$\frac{|g'|}{|f|(1 + |g|^2)^2} \leqslant C,$$

两边同乘 $|f||g|$, 并令 $h = g^2$, 同时利用 $|fg| = O(r^n)$, 得

$$\frac{|h'|}{1 + |h|^2} \leqslant C'(1 + r^n).$$

半径为 r 的圆盘 $D(r)$ 在 h 下的像的面积 (此时为球面面积) 为

$$A(r, h) = \int_{D(r)} \frac{|h'|^2}{(1 + |h|^2)^2} = O(r^{2n+2}),$$

h 的 Ahlfors-Shimizu 特征函数 ([65]) 为

$$T_0(r, h) = \int_0^r \frac{A(t, h)}{t} dt,$$

当 r 很大时, $T_0(r, h) = O(r^{2n+2})$. 设 a_μ, b_ν 分别是 h 的零点和极点, 作适当的平移, 可设 $z = 0$ 不是 h 的零点和极点, 利用 Nevanlinna 理论的基本

结论 ([33, p. 21]), $h(z)$ 可以表示为

$$h(z) = e^{Q(z)} \lim_{R \to \infty} \frac{\Pi_{|a_\mu|<R} E(z/a_\mu, 2n+2)}{\Pi_{|b_\nu|<R} E(z/b_\nu, 2n+2)}, \tag{5.7.2}$$

其中 Q 是次数至多为 $2n+2$ 的多项式, $E(z/a_\mu, 2n+2) = (z-a_\mu)e^{T(z)}$, $T(z)$ 是某个次数为 $2n+2$ 的多项式, $E(z/b_\nu, 2n+2)$ 类似.

因为 f 没有极点, 由 $f^2 = h^{-1}P^2$ 知 a_μ 也是 P 的零点. 又因为 $h = g^2$ 以及 $\{a_\mu\}$ 是 h (和 g) 的零点集, 故 g 只有有限多个零点, 除非多项式 P 恒为 0 (此时曲面是平面), 即 M 的 Gauss 映射在南极点处只出现有限次, M 关于平面 Π (假定它是水平的) 的反射是另一个新的完备单连通嵌入极小曲面, 它和 M 与平面 Π 的交相同, 那么基于前面同样的讨论, M 的 Gauss 映射在北极点处也只出现有限次, 所以只有有限多个 a_μ 和 b_ν, 于是 (5.7.2) 式中的极限符号就可以去掉, 即 h 是有理函数与 e 的多项式次幂的积, 故 g 也有同样的表示, 设 $g = \frac{P_1}{P_2}e^Q$, 其中 P_1, P_2 是没有共同因子的多项式, Q 是次数至多为 $2n+2$ 的多项式 (可能与前面出现的多项式不同).

下面证明: 存在常数 c, 使得 $P = cP_1P_2$. 由 $P = fg$ 和 $g = \frac{P_1}{P_2}e^Q$ 得

$$f = \frac{PP_2}{P_1}e^{-Q}.$$

如果 z_0 是 P_1 的零点, 考虑到 f 是全纯的, P_1 与 P_2 是互素的, 则 z_0 一定也是 P 的零点, 而且它作为 P 的零点的阶数不能小于它作为 P_1 的零点的阶数. 又若 $f(z_0) = 0$, 则 z_0 是 g 的极点, 即是 P_2 的零点, 这与 P_1, P_2 是互素的矛盾, 所以 z_0 作为 P 的零点的阶数等于它作为 P_1 的零点的阶数, 即 P_1 的零点一定是 P 的零点, 而且零点的阶数也相同. 若 $P(\omega) = 0$, $P_1(\omega) \neq 0$, 则 $f(\omega) = 0$, ω 是 g 的极点, fg^2 是非零且有限的, 特别地, $P_2(\omega) = 0$. 而

$$fg^2 = \frac{PP_1}{P_2}e^Q,$$

所以 ω 作为 P 和 P_2 的零点具有相同的阶数, 即我们得到, P 的零点但不是 P_1 的零点一定是 P_2 的零点且阶数相同; 同样由上式知 P_2 的零点

(g 的极点) 一定是 P 的零点, 而且有相同的阶数. 基于以上事实, 我们知道, P 与 $P_1 P_2$ 有相同的零点, 而且零点的阶数也相同, 所以存在常数 c, 使得 $P = c P_1 P_2$.

从上面可以知道, M 的 Gauss 映射 g 在 Π_1 和 Π_2 的 4 个法方向处出现有限次, 我们取其中一对为北极和南极点, 则 g 在无穷远处附近不取 3 个有限值. 由 Picard 定理, g 是有理函数, 再由 $P = fg$ 知 f 也是有理函数. 特别地, 曲面具有有限全曲率, 而具有这些性质的单连通嵌入曲面只有平面, 所以 M 为平面. □

定理 5.22. 设 M 是 $\mathbb{R}^3$ 中完备的单连通的具有有界 Gauss 曲率的嵌入极小曲面, 若存在一个平面 Π, $\Pi \cap M$ 有有限多个连通分支, 而且 (可能) 除了有限多个点以外是横截相交, 如果下面任意一条成立, 则 M 是平面或螺旋面:

(i) M 横截于 Π, 而且 $\Pi \cap M$ 是连通的;

(ii) M 横截于 Π 以及与 Π 平行的所有平面;

(iii) M 的 Gauss 曲率有无穷多个零点或没有零点.

证明: 同上面定理证明的前大半部分, M 不是双曲的, 它的 Weierstrass 表示函数 (f, g) 满足 $fg = P = c P_1 P_2$. 定理中的条件 (ii) 说明 g 不取 0, ∞, 故 P_1 和 P_2 是常数, 即 fg 也是常数, 设其为非零常数 (否则曲面是平面). 这种情况后面会重复, 所以我们暂时推迟到最后再继续讨论.

我们再来考虑 (iii), 因为 $K = -[\frac{4|g'|}{|f|(1+|g|^2)^2}]^2$, 若曲面没有平坦点, 则当 $g(z) \neq \infty$ 时, $g'(z) \neq 0$, 又 $g = \frac{P_1}{P_2} e^Q$, 所以当 $P_2(z) \neq 0$ 时,

$$(P_1 P_2 Q' + P_1' P_2 - P_1 P_2')(z) \neq 0.$$

假设 Q 不是常数 (否则 f 和 g 都是有理的, 同前面定理证明的后一部分知 M 具有有限全曲率, 所以 M 是平面), P_1 和 P_2 都不恒为零 (否则 M 也是平面), 下面我们来证明 P_1 和 P_2 都是常数. 如果 P_1 和 P_2 当中有一个

不是常数, 即其次数大于等于 1, 则多项式 $P_1P_2Q' + P_1'P_2 - P_1P_2'$ 的次数也大于等于 1, 设其零点为 z_0. 由前面的说明知 $P_2(z_0) = 0$, 于是由 $P_2(z_0) = 0$ 和 $(P_1P_2Q' + P_1'P_2 - P_1P_2')(z_0) = 0$ 以及 P_1 和 P_2 的互素性, 得 $P_2'(z_0) = 0$, 即 z_0 是 g 的多重极点, 而 Gauss 曲率又是严格负的, 矛盾, 所以 P_1 和 P_2 都是常数, 从而 fg 也是常数. 同前面的说明, 我们后面再接着讨论.

若 M 的 Gauss 曲率有无穷多个零点, 则多项式 $P_1P_2Q' + P_1'P_2 - P_1P_2'$ 恒为零 (或 $P_2 \equiv 0$, 此时 M 是平面), 若 Q 不是常数, 同上一段说明, P_1 和 P_2 都是常数, P_1P_2 为常数 0, 所以 M 是平面.

下面来考虑 (i). 因为 $I_3 = \mathrm{Re} \int P$, 又易知仅当 $\int P$ 是一次时, I_3 的水平集才是正规的、连通的, 即又得到 $fg = P$ 是常数.

最后, 我们来讨论 $fg = c \neq 0$ 的情形. 通过变量替换 $z \to kz$, 我们假设 $fg = 1$. 因为 $n = \deg P = 0$, 所以同前得 $h = Ce^Q$, 其中 Q 是至多 2 次的多项式. 设 a 是 $\mathrm{Re}\, Q$ 的正则值, 由极大值原理, $\{\mathrm{Re}\, Q(z) = a\}$ 的任意连通分支 L 都是无界的, 于是

$$\frac{|h'|}{1+|h|^2} \leqslant C'(1+r^n) = 2C'.$$

如果 $\deg Q = 2$, 则 $|Q'(z)| \to \infty$ $(z \to \infty)$, 特别地, 沿 L 有

$$\frac{|h'|}{1+|h|^2} = \frac{C|Q'|e^{\mathrm{Re}\, Q}}{1+C^2 e^{2\mathrm{Re}\, Q}} = \frac{C|Q'|e^a}{1+C^2 e^{2a}} \to \infty \quad (z \to \infty),$$

矛盾, 所以 $\deg Q \leqslant 1$, 即 Q 至多是线性的, 所以 $g = e^{bz+c}$, 其中 b, c 是常数, 水平截线的曲率为

$$K = \frac{\mathrm{Re}\, b}{e^A + e^{-A}} = \frac{\mathrm{Re}\, b}{2\cosh A},$$

其中

$$A = \mathrm{Re}\, bx + \mathrm{Im}\, by + \mathrm{Re}\, c.$$

当 $\mathrm{Re}\, b = 0$ 时, $K \equiv 0$, 即曲面为直纹面, 由 Catalan 定理, 曲面为平面或螺旋面. 若 $\mathrm{Re}\, b \neq 0$, 分两种情况: 若 $\mathrm{Im}\, b = 0$, 对任意固定的 x, K 为非零常

数, 所以截线是圆周, 曲面为悬链面的万有覆叠; 当 $\mathrm{Im}\, b \neq 0$ 时, 曲率 K 有最大值, 且 $K \to 0$ $(y \to \pm\infty)$, 曲面端的全曲率为 $\int_0^\infty \mathrm{Re}\, b\, dy = \int_{-\infty}^0 \mathrm{Re}\, b\, dy = \infty$, 此时曲面不是嵌入的. 定理证毕. □

注 5.8. 另外, 在下列任何一种条件下, 也可以得到螺旋面的唯一性, 即螺旋面是 $\mathbb{R}^3$ 中唯一的非平坦逆紧嵌入单连通极小曲面:

(1) 曲面具有非平凡的对称 ([49]);

(2) 曲面具有有限增长型且与平面 $x_3 =$ 常数横截 ([66]);

(3) 曲面具有有界曲率且与每个平面 $x_3 =$ 常数的交至多为一条光滑的连通曲线 ([65]).

注 5.9. 2005 年, Meeks 和 Rosenberg [50] 证明了螺旋面是 $\mathbb{R}^3$ 中唯一的非平坦逆紧嵌入单连通极小曲面. 他们主要是利用极小叠片结构理论和 Colding-Minicozzi 的曲率估计来证明的, 其证明见附录一.

注 5.10. 由于 $\mathbb{R}^3$ 中具有有界曲率的任意完备嵌入极小曲面都是逆紧的 ([3]), 所以上面 Meeks 和 Rosenberg 的结果比定理 5.22 更好.

第六章　Catalan 定理的复分析证明

过去几年中, 极小曲面的理论得到了很大的发展, 最主要的是 Colding 和 Minicozzi 的开创性的工作 ([8,11–14]). 他们对闭的三维流形中的具有给定亏格的极小曲面给出了全面的描述, 对嵌入极小圆盘的结构有很深入的了解. Meeks 和 Rosenberg 利用他们的理论证明了平面和螺旋面是 $\mathbb{R}^3$ 中仅有的单连通的完备嵌入极小曲面 ([50]). 2001 年, Xavier [77] 的工作之后, 关于嵌入的单连通极小曲面的新结果均不是利用极小曲面和复分析之间的经典联系来处理的, 而这种联系曾被成功地用于极小曲面的其他一些基本问题的研究.

如果能从复分析的角度来理解 Colding 和 Minicozzi 的理论, 那我们就可以更好地揭示嵌入极小圆盘. 例如, 开单位圆盘 $D \subset \mathbb{C}$ 到 $\mathbb{R}^3$ 的共形调和嵌入理论与 D 上 (全纯) 单值函数的丰富理论之间的联系. 由 D 上单值函数的标准估计易得整体单值函数必具有形式 $az + b$, $a \neq 0$, 那么, 对应地我们有下面的猜想:

猜想: $\mathbb{C}$ 到 $\mathbb{R}^3$ 的共形调和嵌入仅是平面和螺旋面的标准嵌入.

(在 [78] 中, 基于同样的考虑, 我们得到了多复变理论中的刚性定理.) 如果该猜想正确的话, 它是 Meeks 和 Rosenberg 理论的一个重要补充 (去掉了完备性).

按照 Colding 和 Minicozzi 的理论, 嵌入极小圆盘类似于图或多值图, 后者是一个类似于螺旋面的图形 (双螺旋的楼梯 double spiral staircase). 所以, 在高斯曲率不为零的地方, 称渐近线的曲率的积为曲面的 **Catalan 曲率**, 它刻画了曲面偏离于直纹面的程度. 于是利用经典的 Catalan 定理就可以刻画多值图偏离于螺旋面的程度.

定理 6.1. (Catalan) 如果 $\mathbb{R}^3$ 中的非平坦连通极小曲面是直纹的, 则它一定是螺旋面的一部分.

本章的目的是给出 Catalan 定理的复分析证明, Catalan 定理表明非平坦的直纹极小曲面的 Catalan 曲率为零, 这是我们利用经典的工具来认识嵌入极小圆盘的第一步. 同时, 有很多迹象表明单值函数理论中的另一个强有力的工具—— Lowner 理论, 也很有希望拿来考虑共形调和嵌入, 这里就不再赘述了.

§6.1 基本知识

利用 Weierstrass-Enneper 表示, 经过适当的规范化, Catalan 定理的证明可以归结为某个全纯微分方程的解的唯一性. 证明之前, 我们先回顾一下 $\mathbb{R}^3$ 中极小曲面的基本知识.

令 $z = u + iv$,

$$\Phi_i(z) = \frac{\partial X_i}{\partial u} - i\frac{\partial X_i}{\partial v}, \quad i = 1, 2, 3. \tag{6.1.1}$$

我们知道 Φ_i 是全纯的, 且

$$\langle \Phi, \overline{\Phi} \rangle = \sum_{i=1}^{3} \Phi_i^2 = 0. \tag{6.1.2}$$

利用 Φ_i, 曲面的参数可表示为

$$X_i(z) = \operatorname{Re}\left\{\int_0^z \Phi_i(\zeta)d\zeta\right\} + C_i, \quad i = 1, 2, 3. \tag{6.1.3}$$

设全纯函数 f 和亚纯函数 g 是 X 的 Weierstrass 表示中的函数, 即

$$f = \Phi_1 - i\Phi_2, \quad g = \frac{\Phi_3}{\Phi_1 - i\Phi_2}. \tag{6.1.4}$$

利用 (f, g), 函数 $\Phi = (\Phi_1, \Phi_2, \Phi_3)$, 曲面的第一基本形式 g_{ij} 和单位法向量场 N 分别为

$$\Phi = \left(\frac{1}{2}f(1-g^2), \frac{i}{2}f(1+g^2), fg\right), \tag{6.1.5}$$

$$g_{ij} = \lambda^2 \delta_{ij}, \quad \lambda^2 = \left(\frac{|f|(1+|g|^2)}{2}\right)^2, \tag{6.1.6}$$

$$N = \left(\frac{2\operatorname{Re} g}{|g|^2+1}, \frac{2\operatorname{Im} g}{|g|^2+1}, \frac{|g|^2-1}{|g|^2+1}\right). \tag{6.1.7}$$

由 (6.1.1) 和 (6.1.6) 得

$$|\Phi|^2 = \langle \Phi, \overline{\Phi} \rangle = \sum_{i=1}^3 |\Phi_i|^2 = \frac{|f|^2(1+|g|^2)^2}{2}, \tag{6.1.8}$$

因为曲面是正规的且 Φ 是全纯的, 由 (6.1.5) 和 (6.1.6) 知, f 的零点一定是 g 的极点, 而且 f 的零点的阶数正好是 g 的相应极点阶数的两倍. 若与球极投影的逆映射复合, 亚纯函数 g 表示浸入曲面的 Gauss 映射. 更多关于极小曲面和复分析之间的联系可以参考 [61].

如果 g 是全纯的而且有局部逆, 令 $\tau = g(z)$ 是一个新参数, 定义

$$F(\tau) = \frac{f(z)}{g'(z)}, \tag{6.1.9}$$

则有 $F(\tau)d\tau = f(z)dz$, 所以, 利用 (6.1.3) 和 (6.1.5), 在 $g' \neq 0$ 的点的邻域里, 曲面可以仅用 F 重新表示为

$$X(z) = \operatorname{Re}\left(\int(1-\tau^2)F(\tau)d\tau, \int i(1+\tau^2)F(\tau)d\tau, \int 2\tau F(\tau)d\tau\right). \tag{6.1.10}$$

§6.2 极小曲面的渐近线

本节我们将给出 $\mathbb{R}^3$ 中直纹极小曲面在 Gauss 曲率不为零的点的邻域中所满足的二阶微分方程. 首先我们给出下面的引理:

引理 6.1. 设 $X(u,v)$ 是极小曲面的共形参数化, (f,g) 是相应的 Weierstrass-Enneper 对, 则对所有曲线 $\alpha(t) = X(\zeta(t))$ 成立

$$\alpha' \wedge \alpha'' = \frac{1}{4}(1+|g|^2)\mathrm{Im}\left\{|f|^2(1+|g|^2)\overline{\zeta'}\zeta'' + |\zeta'|^2(1+|g|^2)\zeta'\overline{f}f'\right.$$
$$\left. + 2|\zeta'|^2|f|^2 g'\overline{g}\zeta'\right\}N + \mathrm{Re}\{fg'\zeta'^2\}N \wedge \alpha'. \tag{6.2.1}$$

证明: 由 (6.1.1) 得 $\Phi = 2X_z$, 于是

$$\alpha'(t) = X_z\zeta' + X_{\overline{z}}\overline{\zeta'} = X_z\zeta' + \overline{(X_z)\zeta'} = 2\mathrm{Re}\{X_z\zeta'\} = \mathrm{Re}\{\zeta'\Phi\}. \tag{6.2.2}$$

$$\alpha''(t) = \frac{d}{dt}\mathrm{Re}\{\zeta'\Phi\} = \mathrm{Re}\left\{\frac{d}{dt}(\zeta'\Phi)\right\} = \mathrm{Re}\left\{\zeta'\frac{d\Phi}{dt} + \zeta''\Phi\right\} = \mathrm{Re}\{\zeta'^2\Phi' + \zeta''\Phi\}. \tag{6.2.3}$$

利用 (6.2.2) 和 (6.2.3) 以及

$$\mathrm{Re}\,v \wedge \mathrm{Re}\,w = \frac{1}{2}\mathrm{Re}\{v \wedge w + \overline{v} \wedge w\}, \quad v, w \in \mathbb{C}^3, \tag{6.2.4}$$

我们得到

$$\alpha' \wedge \alpha'' = \frac{1}{2}\mathrm{Re}\{(\zeta'\Phi) \wedge (\zeta'^2\Phi' + \zeta''\Phi) + (\overline{\zeta'\Phi}) \wedge (\zeta'^2\Phi' + \zeta''\Phi)\}$$
$$= \frac{1}{2}\mathrm{Re}\{\zeta'^3\Phi \wedge \Phi' + |\zeta'|^2\zeta'\overline{\Phi} \wedge \Phi' + \overline{\zeta'}\zeta''\overline{\Phi} \wedge \Phi\}. \tag{6.2.5}$$

由 (6.1.5) 得

$$\Phi' = \left(\frac{1}{2}f'(1-g^2) - fgg', \frac{i}{2}f'(1+g^2) + ifgg', f'g + fg'\right), \tag{6.2.6}$$

和

$$\overline{\Phi} = \left(\frac{1}{2}\overline{f}(1-\overline{g}^2), -\frac{i}{2}\overline{f}(1+\overline{g}^2), \overline{fg}\right). \tag{6.2.7}$$

§6.2 极小曲面的渐近线

经过很长的直接计算得

$$\Phi \wedge \Phi' = ifg'\left(\frac{1}{2}f(1-g^2), \frac{i}{2}f(1+g^2), fg\right) = ifg'\Phi, \tag{6.2.8}$$

$$\overline{\Phi} \wedge \Phi = -\frac{i}{2}|f|^2(1+|g|^2)^2 N, \tag{6.2.9}$$

$$\overline{\Phi} \wedge \Phi' = -\frac{i}{2}\overline{f}f'(1+|g|^2)^2 N - i|f|^2 g'\left(\frac{1}{2} + \frac{\overline{g}^2}{2} + |g|^2, -\frac{i}{2} + \frac{i}{2}\overline{g}^2 - i|g|^2, |g|^2\overline{g}\right). \tag{6.2.10}$$

下面我们将计算 (6.2.5) 式右边的每一项, 首先由简单计算得

$$N \wedge \Phi = i\Phi. \tag{6.2.11}$$

利用上式以及 (6.2.2) 和 (6.2.4), 得

$$N \wedge \alpha' = \mathrm{Re}\{N \wedge (\zeta'\Phi)\} = \mathrm{Re}\{\zeta' N \wedge \Phi\} = \mathrm{Re}\{i\zeta'\Phi\} = -\mathrm{Im}\{\zeta'\Phi\}. \tag{6.2.12}$$

由 (6.2.8) 和 (6.2.12), (6.2.5) 式右边的第一项为

$$\begin{aligned}
\mathrm{Re}\{\zeta'^3 \Phi \wedge \Phi'\} &= \mathrm{Re}\{\zeta'^3 ifg'\Phi\} \\
&= \mathrm{Re}\{ifg'\zeta'^2(\zeta'\Phi)\} \\
&= \mathrm{Re}\{ifg'\zeta'^2(\mathrm{Re}\{\zeta'\Phi\} + i\mathrm{Im}\{\zeta'\Phi\})\} \\
&= \mathrm{Re}\{ifg'\zeta'^2\alpha' + fg'\zeta'^2 N \wedge \alpha'\} \\
&= \mathrm{Re}\{ifg'\zeta'^2\}\alpha' + \mathrm{Re}\{fg'\zeta'^2\}N \wedge \alpha'.
\end{aligned} \tag{6.2.13}$$

由 (6.2.9) 易得 (6.2.5) 式右边的第三项为

$$\begin{aligned}
\mathrm{Re}\{\overline{\zeta'}\zeta''\overline{\Phi} \wedge \Phi\} &= \mathrm{Re}\left\{\overline{\zeta'}\zeta''\left(-\frac{i}{2}|f|^2(1+|g|^2)^2 N\right)\right\} \\
&= |f|^2(1+|g|^2)^2 \mathrm{Re}\left\{-\frac{i}{2}\overline{\zeta'}\zeta''\right\}N.
\end{aligned} \tag{6.2.14}$$

利用 (6.2.10), (6.2.5) 式右边的第二项可以表示为

$$\begin{aligned}
&\mathrm{Re}\{|\zeta'|^2\zeta'\overline{\Phi} \wedge \Phi'\} \\
&= |\zeta'|^2(1+|g|^2)^2 \mathrm{Re}\left\{-\frac{i}{2}\zeta'\overline{f}f'\right\}N \\
&\quad -|f|^2|\zeta'|^2 \mathrm{Re}\left\{ig'\zeta'\left(\frac{1}{2} + \frac{\overline{g}^2}{2} + |g|^2, -\frac{i}{2} + \frac{i}{2}\overline{g}^2 - i|g|^2, |g|^2\overline{g}\right)\right\}.
\end{aligned} \tag{6.2.15}$$

令
$$v = \left(\frac{1}{2} + \frac{\bar{g}^2}{2} + |g|^2, -\frac{i}{2} + \frac{i}{2}\bar{g}^2 - i|g|^2, |g|^2\bar{g}\right),$$

我们在基 $\{\frac{\alpha'}{|\alpha'|}, N, N \wedge \frac{\alpha'}{|\alpha'|}\}$ 下来计算 $\text{Re}\{ig'\zeta'v\}$. 利用

$$\langle \text{Re}\, v, \text{Re}\, w\rangle = \frac{1}{2}\text{Re}\{\langle v,w\rangle + \langle v,\overline{w}\rangle\}, \quad v,w \in \mathbb{C}^3, \qquad (6.2.16)$$

我们得到

$$\begin{aligned}
\left\langle \text{Re}\{ig'\zeta'v\}, \frac{\alpha'}{|\alpha'|}\right\rangle &= \frac{1}{|\alpha'|}\langle \text{Re}\{ig'\zeta'v\}, \text{Re}\{\zeta'\Phi\}\rangle \\
&= \frac{1}{2|\alpha'|}\text{Re}\{\langle ig'\zeta'v, \zeta'\Phi\rangle + \langle ig'\zeta'v, \overline{\zeta'\Phi}\rangle\} \\
&= \frac{1}{2|\alpha'|}\text{Re}\{ig'|\zeta'|^2\langle v,\Phi\rangle + ig'\zeta'^2\langle v,\overline{\Phi}\rangle\}.
\end{aligned}$$

又

$$\langle v, \Phi\rangle = 0, \quad \langle v, \overline{\Phi}\rangle = \frac{1}{2}f(1+|g|^2)^2, \qquad (6.2.17)$$

于是

$$\left\langle \text{Re}\{ig'\zeta'v\}, \frac{\alpha'}{|\alpha'|}\right\rangle \frac{\alpha'}{|\alpha'|} = \frac{1}{4|\alpha'|^2}(1+|g|^2)^2\text{Re}\{ifg'\zeta'^2\}\alpha'. \qquad (6.2.18)$$

另一方面, 由 (6.1.2), (6.1.8) 和 (6.2.16) 有

$$\begin{aligned}
|\alpha'|^2 &= \langle \text{Re}\{\zeta'\Phi\}, \text{Re}\{\zeta'\Phi\}\rangle \\
&= \frac{1}{2}\text{Re}\{\langle \zeta'\Phi, \zeta'\Phi\rangle + \langle \zeta'\Phi, \overline{\zeta'\Phi}\rangle\} \\
&= \frac{1}{2}\text{Re}\{|\zeta'|^2\langle \Phi,\Phi\rangle + \zeta'^2\langle \Phi,\overline{\Phi}\rangle\} \\
&= \frac{|f|^2(1+|g|^2)^2}{4}|\zeta'|^2.
\end{aligned} \qquad (6.2.19)$$

所以

$$\left\langle \text{Re}\{ig'\zeta'v\}, \frac{\alpha'}{|\alpha'|}\right\rangle \frac{\alpha'}{|\alpha'|} = \frac{\text{Re}\{ifg'\zeta'^2\}}{|f|^2|\zeta'|^2}\alpha'. \qquad (6.2.20)$$

再由

$$\langle v, N\rangle = \bar{g}(1+|g|^2),$$

和 (6.2.16) 得

$$
\begin{aligned}
\langle \operatorname{Re}\{ig'\zeta'v\}, N\rangle N &= \operatorname{Re}\{\langle ig'\zeta'v, N\rangle\}N \\
&= \operatorname{Re}\{ig'\zeta'\overline{g}(1+|g|^2)\}N \\
&= (1+|g|^2)\operatorname{Re}\{ig'\overline{g}\zeta'\}N. \quad (6.2.21)
\end{aligned}
$$

为了计算 $\operatorname{Re}\{ig'\zeta'v\}$ 在方向 $N \wedge \dfrac{\alpha'}{|\alpha'|}$ 上的分量, 首先由 (6.2.12), (6.2.16) 和 (6.2.17) 得

$$
\begin{aligned}
\langle \operatorname{Re}\{ig'\zeta'v\}, N\times\alpha'\rangle &= \langle \operatorname{Re}\{ig'\zeta'v\}, \operatorname{Re}\{i\zeta'\Phi\}\rangle \\
&= \frac{1}{2}\operatorname{Re}\{\langle ig'\zeta'v, i\zeta'\Phi\rangle + \langle ig'\zeta'v, -i\overline{\zeta'\Phi}\rangle\} \\
&= \frac{1}{2}\operatorname{Re}\{|\zeta'|^2 g'\langle v,\Phi\rangle - \zeta'^2 g'\langle v,\overline{\Phi}\rangle\} \\
&= -\frac{1}{4}(1+|g|^2)^2 \operatorname{Re}\{fg'\zeta'^2\}. \quad (6.2.22)
\end{aligned}
$$

由 (6.2.19) 和 (6.2.22) 得

$$
\left\langle \operatorname{Re}\{ig'\zeta'v\}, N\wedge\frac{\alpha'}{|\alpha'|}\right\rangle N\wedge\frac{\alpha'}{|\alpha'|} = -\frac{1}{|\zeta'|^2|f|^2}\operatorname{Re}\{fg'\zeta'^2\}N\wedge\alpha'. \quad (6.2.23)
$$

由 (6.2.15), (6.2.20), (6.2.21) 和 (6.2.23) 得

$$
\begin{aligned}
&\operatorname{Re}\{|\zeta'|^2\zeta'\overline{\Phi}\wedge\Phi'\} \\
&= -\operatorname{Re}\{ifg'\zeta'^2\}\alpha' + \operatorname{Re}\{fg'\zeta'^2\}N\wedge\alpha' \\
&\quad -\left(|\zeta'|^2(1+|g|^2)^2\operatorname{Re}\left\{\frac{i}{2}\zeta'\overline{f}f'\right\} + |\zeta'|^2|f|^2(1+|g|^2)\operatorname{Re}\{ig'\overline{g}\zeta'\}\right)N. \quad (6.2.24)
\end{aligned}
$$

于是由 (6.2.5), (6.2.13), (6.2.14) 和 (6.2.24) 经过简单计算得 (6.2.1). □

推论 6.1. 设 $X\colon D\to S$ 是极小曲面 S 的共形参数化, (f,g) 是相应的 Weierstrass-Enneper 对, 则对任意包含于 $X(D)$ 的正规曲线 $\alpha(t)=X(\zeta(t))$, $\alpha(t)$ 的法曲率和测地曲率分别为

$$
k_n = \frac{4\operatorname{Re}\{-fg'\zeta'^2\}}{|\zeta'|^2|f|^2(1+|g|^2)^2}, \quad (6.2.25)
$$

$$k_g = \frac{2\operatorname{Im}\{|f|^2(1+|g|^2)\overline{\zeta'}\zeta'' + |\zeta'|^2(1+|g|^2)\zeta'\overline{f}f' + 2|\zeta'|^2|f|^2 g'\overline{g}\zeta'\}}{|\zeta'|^3|f|^3(1+|g|^2)^2}. \qquad (6.2.26)$$

证明: 由 (6.2.1) 和下式立得推论的证明:

$$\alpha' \wedge \alpha'' = -|\alpha'|^2 k_n N \wedge \alpha' + |\alpha'|^3 k_g N. \qquad (6.2.27)$$

引理 6.2. 设 $X: D \to S$ 是直纹极小曲面 S 的等温参数化, (f,g) 是相应的 Weierstrass-Enneper 对, 则对 D 中满足 $g'(z_0) \neq 0$, 且 g 在 z_0 处全纯的任意点 z_0 处成立

$$(1+|g|^2)\Big(\frac{f'}{f} - \frac{g''}{g'}\Big) + 4g'\overline{g} = \pm i\frac{fg'}{|fg'|}\Big[(1+|g|^2)\Big(\frac{\overline{f'}}{\overline{f}} - \frac{\overline{g''}}{\overline{g'}}\Big) + 4\overline{g'}g\Big]. \qquad (6.2.28)$$

证明: 设 $z_0 \in D$ 满足 $g'(z_0) \neq 0$, 且 g 在 z_0 处全纯, 则 $f(z_0)g'(z_0) \neq 0$, 于是在 z_0 的某邻域中有 $fg' \neq 0$. 设 $\zeta(t)$ 是 D 中正规曲线, 满足 $\zeta(0) = z_0$ 且 $\alpha(t) = X(\zeta(t))$ 是 S 中某直线的参数表示. α 的曲率为

$$k(t) = \frac{|\alpha' \times \alpha''|}{|\alpha'|^3}.$$

由 (6.2.1) 得

$$\operatorname{Re}\{fg'\zeta'^2\} = 0, \qquad (6.2.29)$$

和

$$\operatorname{Im}\{|f|^2(1+|g|^2)\overline{\zeta'}\zeta'' + |\zeta'|^2(1+|g|^2)\zeta'\overline{f}f' + 2|\zeta'|^2|f|^2 g'\overline{g}\zeta'\} = 0. \qquad (6.2.30)$$

由 (6.2.29) 得 $fg'\zeta'^2 = ib(t)$, $b(t) \in \mathbb{R}\backslash\{0\}$, 如果需要的话, 我们重新参数化曲线后, 可设

$$\zeta'^2 = \pm i\overline{fg'}. \qquad (6.2.31)$$

上式关于 t 求导得

$$2\zeta'\zeta'' = \pm i\frac{d}{dt}\overline{[fg']} = \pm i[(\overline{fg'})_z\zeta' + (\overline{fg'})_{\overline{z}}\overline{\zeta'}] = \pm i\overline{\zeta'}(\overline{f'g'} + \overline{fg''}). \qquad (6.2.32)$$

由 (6.2.31) 和 (6.2.32) 计算 (6.2.30) 左边各式后得

$$\text{Im}\left\{\zeta'\left[(1+|g|^2)\left(\frac{f'}{f}-\frac{g''}{g'}\right)+4g'\overline{g}\right]\right\}=0. \tag{6.2.33}$$

再由 (6.2.31) 知 (6.2.28) 沿 $\zeta(t)$ 成立. □

利用引理 6.2, 我们可以得到下面的引理, 即直纹极小曲面在 Gauss 曲率不为零的点的邻域中所满足的二阶全纯微分方程, 该微分方程在 Catalan 定理的证明中起着很重要的作用.

引理 6.3. 设 $X: D \to S$ 是直纹极小曲面 S 的共形参数化, (f, g) 是相应的 Weierstrass-Enneper 对, 若存在 $z_0 \in D$ 使得 $g(z_0) = 0$ 和 $g'(z_0) \neq 0$, 则视 $\tau = g(z)$ 是新的局部参数, 同 (6.1.9) 式一样定义 $F(\tau)$, 有

$$\left(\frac{F_\tau}{F}\right)^2 - 4\left(\frac{F_\tau}{F}\right)_\tau = cF, \tag{6.2.34}$$

其中

$$c = -\frac{(F_\tau(0))^2}{F(0)^3} + \frac{16i}{|F(0)|}. \tag{6.2.35}$$

证明: 因为

$$\frac{f'}{f} - \frac{g''}{g'} = \frac{F'}{F},$$

所以由引理 6.2 得

$$(1+|g|^2)\frac{F'}{F} + 4g'\overline{g} = \pm i\frac{fg'}{|fg'|}\left[(1+|g|^2)\overline{\frac{F'}{F}} + 4\overline{g}'g\right],$$

其中导数是关于 z 求. 由上式和链式法则得

$$(1+|\tau|^2)\frac{F_\tau}{F} + 4\overline{\tau} = \pm i\frac{f\overline{g'}}{|fg'|}\left[(1+|\tau|^2)\overline{\frac{F_\tau}{F}} + 4\tau\right]$$

$$= \pm i\frac{f|g'|}{|f|g'}\left[(1+|\tau|^2)\overline{\frac{F_\tau}{F}} + 4\tau\right]$$

$$= \pm i\frac{F}{|F|}\left[(1+|\tau|^2)\overline{\frac{F_\tau}{F}} + 4\tau\right]. \tag{6.2.36}$$

函数

$$G(\tau) = (1+|\tau|^2)\frac{F_\tau}{F} + 4\overline{\tau} \tag{6.2.37}$$

在开集上不为零, 否则有

$$\frac{F_\tau}{F} = -\frac{4\bar\tau}{1+|\tau|^2},$$

即 $-\frac{4\bar\tau}{1+|\tau|^2}$ 全纯, 矛盾. 因为 (6.2.34) 式两边都是全纯的, 所以我们只需证明 (6.2.34) 式在开集 U ($G|_U \neq 0$) 上成立. 由 (6.2.36) 得

$$\pm iF = \frac{G|F|}{\overline{G}}. \tag{6.2.38}$$

上式两边取对数得

$$\log(\pm iF) = \log G + \log|F| - \log \overline{G}.$$

上式关于 $\bar\tau$ 求导得

$$\frac{G_{\bar\tau}}{G} - \overline{\left(\frac{G_\tau}{G}\right)} + \frac{1}{2}\overline{\left(\frac{F_\tau}{F}\right)} = 0,$$

取共轭得

$$\frac{1}{2}\frac{F_\tau}{F} = \frac{G_\tau}{G} - \overline{\left(\frac{G_{\bar\tau}}{G}\right)}. \tag{6.2.39}$$

再关于 $\bar\tau$ 求导得

$$\frac{GG_{\tau\bar\tau} - G_\tau G_{\bar\tau}}{G^2} - \overline{\left(\frac{GG_{\tau\bar\tau} - G_\tau G_{\bar\tau}}{G^2}\right)} = 0,$$

即

$$h := \frac{GG_{\tau\bar\tau} - G_\tau G_{\bar\tau}}{G^2}, \tag{6.2.40}$$

是一个实函数. 由 (6.2.37) 易得

$$G_{\bar\tau} = \tau\frac{F_\tau}{F} + 4, \quad G_\tau = \bar\tau\frac{F_\tau}{F} + (1+|\tau|^2)\left(\frac{F_\tau}{F}\right)_\tau, \tag{6.2.41}$$

$$G_{\tau\bar\tau} = \frac{F_\tau}{F} + \tau\left(\frac{F_\tau}{F}\right)_\tau. \tag{6.2.42}$$

于是

$$GG_{\tau\bar\tau} - G_\tau G_{\bar\tau} = \left(\frac{F_\tau}{F}\right)^2 - 4\left(\frac{F_\tau}{F}\right)_\tau. \tag{6.2.43}$$

由 (6.2.38), (6.2.40) 和 (6.2.43) 得

$$\frac{(F_\tau/F)^2 - 4(F_\tau/F)_\tau}{F} = \pm i\frac{|G|^2}{|F|}h. \tag{6.2.44}$$

因为上式左边是全纯的, 右边是纯虚数, 所以两边均为复常数, (6.2.34) 得证. 下面来确定常数 c.

令 $\alpha = F_\tau/F$, $\beta = (F_\tau/F)_\tau$, 在 $G \neq 0$ 的点处, 由 (6.2.37), (6.2.39) 和 (6.2.41) 得

$$\frac{\alpha}{2} = \frac{\overline{\tau}\alpha + (1+|\tau|^2)\beta}{(1+|\tau|^2)\alpha + 4\overline{\tau}} - \frac{\overline{\tau\alpha} + 4}{(1+|\tau|^2)\overline{\alpha} + 4\tau},$$

于是

$$\beta = \frac{\frac{\alpha}{2}[(1+|\tau|^2)\alpha + 4\overline{\tau}] - i(\overline{\tau}\alpha + 4)\frac{F}{|F|} - \overline{\tau}\alpha}{1+|\tau|^2}.$$

因为 0 是 $G \neq 0$ 的点集的聚点, 在上式中令 $\tau \to 0$ 得

$$\left(\frac{F_\tau}{F}\right)_\tau(0) = \beta(0) = \frac{1}{2}\left(\frac{F_\tau}{F}(0)\right)^2 - 4i\frac{F(0)}{|F(0)|}. \tag{6.2.45}$$

将 (6.2.45) 代入 (6.2.34) 可得 (6.2.35). □

§6.3 一类螺旋面

本节主要描述一类特殊的螺旋面, 经过平移、相似变换和正交变换, 得到 $\mathbb{R}^3$ 中非平坦的直纹极小曲面的许多例子. 为此, $\forall b: 0 < b \leqslant 1$, 令螺旋面 S_b 的参数方程为

$$X_b(u,v) = (b\sinh v \cos u, bu, b\sinh v \sin u). \tag{6.3.1}$$

S_b 在 $X_b(u,v)$ 处的单位法向量和 Gauss 曲率分别为

$$N(u,v) = \left(\frac{\sin u}{\cosh v}, \tanh v, -\frac{\cos u}{\cosh v}\right), \tag{6.3.2}$$

$$K(u,v) = -\frac{1}{b^2 \cosh^4 v}. \tag{6.3.3}$$

令 $v_b \in [0,\infty)$ 为一实数且满足

$$\cosh v_b = \frac{1}{\sqrt{b}}. \tag{6.3.4}$$

由 (6.3.3) 得 $K(0,v_b) = -1$, 令 θ_b $(0 \leqslant \theta_b \leqslant \pi)$ 是向量 $(0,0,-1)$ 和 $N(0,v_b)$ 的夹角, 即

$$\cos \theta_b = \frac{1}{\cosh v_b}. \tag{6.3.5}$$

将 S_b 绕 x 轴旋转角度 $-\theta_b$ 得到 $\tilde{S}_b$, $\tilde{S}_b$ 在 $\tilde{X}_b(0,v_b)$ 点处的单位法向量和 Gauss 曲率分别为 $(0,0,-1)$ 和 -1, $\tilde{S}_b$ 可参数表示为

$$\tilde{X}_b(u,v) = (b\sinh v \cos u,\ bu\cos\theta_b + b\sin\theta_b \sinh v \sin u,$$
$$-bu\sin\theta_b + b\cos\theta_b \sinh v \sin u). \tag{6.3.6}$$

$\{\tilde{S}_b, 0 < b \leqslant 1\}$ 就是我们需要的螺旋面. 令

$$\Phi_b(z) = ((\Phi_b)_1(z), (\Phi_b)_2(z), (\Phi_b)_3(z)) = \frac{\partial \tilde{X}_b}{\partial u} - i\frac{\partial \tilde{X}_b}{\partial v}, \tag{6.3.7}$$

则有

$$(\Phi_b)_1(z) = -ib\cosh(iz), \tag{6.3.8}$$

$$(\Phi_b)_2(z) = b\cos\theta_b - b\sin\theta_b \sinh(iz), \tag{6.3.9}$$

$$(\Phi_b)_3(z) = -b\sin\theta_b - b\cos\theta_b \sinh(iz). \tag{6.3.10}$$

由 (6.1.4), $\tilde{S}_b$ 的 Weierstrass-Enneper 对分别为

$$f_b(z) = (\Phi_b)_1(z) - i(\Phi_b)_2(z) = -ib[\cosh(iz) + \cos\theta_b - \sin\theta_b \sinh(iz)], \tag{6.3.11}$$

$$g_b(z) = \frac{(\Phi_b)_3(z)}{f_b(z)} = \frac{-b\sin\theta_b - b\cos\theta_b \sinh(iz)}{f_b(z)}. \tag{6.3.12}$$

在 $z_b = iv_b$ 点, 有

$$g_b(z_b) = 0. \tag{6.3.13}$$

而且 $f_b(z_b) = -2i\sqrt{b}$, $g_b'(z_b) = \sqrt{b}/2$, 于是

$$F_b(z_b) = -4i, \tag{6.3.14}$$

其中 $F_b = f_b/g_b'$. 经过计算得

$$F_b'(z_b) = -8\sqrt{1-b}. \tag{6.3.15}$$

因为 $g_b'(z_b) \neq 0$, 我们可以像上节一样, 用 $\tau = g_b(z)$ 作为 $\tilde{X}_b(z_b)$ 的邻域的新参数, 则 (6.3.13), (6.3.14) 和 (6.3.15) 化为

$$F_b(0) = -4i, \quad (F_b)_\tau(0) = F_b'(z_b)\frac{dz}{d\tau}(0) = \frac{F_b'(z_b)}{g_b'(z_b)} = -16\sqrt{\frac{1-b}{b}}. \tag{6.3.16}$$

§6.4 Catalan 定理的证明

证明的思路是比较非平坦的直纹极小曲面 S 和上节中给出的某个适当的 $\tilde{S}_b$, 由于它们都满足微分方程 (6.2.34), 所以我们只要证明它们有相同的初始条件, 这通过对 S 作某些适当的正交变换即可. 为此, 我们必须先了解这些变换对曲面 Weierstrass-Enneper 表示的作用.

引理 6.4. 设 (f,g) 是极小曲面 S 的 Weierstrass-Enneper 表示.

(i) 在 $\mathbb{R}^3$ 中平移变换下, f 和 g 不变;

(ii) 在关于平面 $\{z=0\}$ 的反射变换下, f 不变, g 变号;

(iii) 假设存在 z_0, 使得 $g(z_0) = 0$ 和 $g'(z_0) \neq 0$, 用 $\tau = g(z)$ 作为局部参数并且定义 F 如 (6.1.9), 则在关于 z 轴的反射变换下, f, g 以及初始条件 $F_\tau(0)$ 均变号.

证明: 由 (6.1.1) 和 (6.1.4) 可得结论 (i) 和 (ii) 以及 (iii) 的前一半结果. 由于 F 不变, 由链式法则, 得

$$F_\tau(0) = F'(z_0)\frac{dz}{d\tau}(0) = \frac{F'(z_0)}{g'(z_0)}.$$

因为 $g'(z_0)$ 变号而 $F'(z_0)$ 不变, 所以 $F_\tau(0)$ 变号. $\square$

Catalan 定理的证明 设 S 是直纹极小曲面, 如果 S 的 Gauss 曲率恒为零, 则曲面是全测地的, 即为平面的一部分; 否则, 取 Gauss 曲率不为零的点 $p \in S$, 因为 $\mathbb{R}^3$ 中的相似变换将螺旋面变为螺旋面, 我们可以假定 S 在 p 处的 Gauss 曲率为 $K(p) = -1$, 经过平移和适当的正交变换, 可进一步假定 $p = 0$, 且 S 在 p 处的单位法向量为 $N(p) = (0, 0, -1)$ 以及 x 轴上包含 p 的一部分落在曲面上. 考虑 p 的邻域的一个共形参数表示 $X \colon D \to S$ 使得 $X(0) = p$, 设 (f, g) 是相应的 Weierstrass-Enneper 对. 由 $N(p) = (0, 0, -1)$ 和 (6.1.7) 得

$$g(0) = 0. \tag{6.4.1}$$

由 (6.2.25) 易知 Gauss 曲率为

$$K = -\left[\frac{4|g'|}{|f|(1+|g|^2)^2}\right]^2. \tag{6.4.2}$$

由 $K(p) = -1$ 得 $g'(0) \neq 0$, 必要时限制 D, 可得 g 在 D 上有逆函数 g^{-1} 而且 g^{-1} 也是全纯的, 像前面一样定义 $F = f/g'$, 则由 (6.4.1), (6.4.2) 以及 $K(p) = -1$ 得

$$|F(0)| = \left|\frac{f}{g'}(0)\right| = 4. \tag{6.4.3}$$

下面证明

$$F(0) = \pm 4i. \tag{6.4.4}$$

为此, 令 $\alpha(t) = X(\zeta(t))$ 是 x 轴的正规参数化, 同引理 6.2 的证明一样, 我们有 ζ 满足 $\zeta'^2 = \pm i\overline{fg'}$. 先假设 $\zeta'^2 = i\overline{fg'}$, 因为 $g(0) = 0$, $\alpha'(0) = (\lambda, 0, 0)$, 其中 λ 为某实数, 由 (6.1.5) 和 (6.2.2) 可得

$$(\lambda, 0, 0) = \zeta'(0)\left(\frac{f(0)}{4}, i\frac{f(0)}{4}, 0\right) + \overline{\zeta'(0)}\left(\overline{\frac{f(0)}{4}}, -i\overline{\frac{f(0)}{4}}, 0\right).$$

由第二个分量相等, 可得 $\operatorname{Re}\{i\zeta'(0)f(0)\} = 0$, 即 $\operatorname{Im}\{\zeta'(0)f(0)\} = 0$. 于是存在实数 μ, 使得 $\zeta'(0)f(0) = \mu$. 又由 $(\zeta'(0))^2 = i\overline{f(0)g'(0)}$ 得

$$|\zeta'(0)|^2\zeta'(0) = i\overline{\zeta'(0)f(0)g'(0)} = i\mu\overline{g'(0)},$$

于是
$$\zeta'(0) = \frac{i\mu \overline{g'(0)}}{|\zeta'(0)|^2} = \frac{i\mu \overline{g'(0)}}{|f(0)g'(0)|}.$$

上式两边同乘 $f(0)$ 得
$$\mu = i\mu \frac{f(0)}{|f(0)|} \frac{\overline{g'(0)}}{|g'(0)|} = i\mu \frac{f(0)}{|f(0)|} \frac{|g'(0)|}{g'(0)},$$

从而有
$$F(0) = \frac{f}{g'}(0) = -i\left|\frac{f}{g'}(0)\right| = -i|F(0)|.$$

由上式和 (6.4.3) 得 $F(0) = -4i$. 当 $(\zeta'(0))^2 = -i\overline{f(0)g'(0)}$ 时,同样可证得 $F(0) = +4i$, 所以 (6.4.4) 成立. 利用引理 6.4 的 (ii) 和 (6.4.4), 如果需要的话, 作关于平面 $\{z = 0\}$ 的反射, 可设

$$F(0) = -4i. \tag{6.4.5}$$

再由 (6.4.4) 和引理 6.2 的证明, (6.2.36) 带有一个负号时成立, 利用 (6.4.5) 得 $F_\tau(0)$ 是一个实数, 由引理 6.4 的 (iii), 进一步假设 $F_\tau(0) \leqslant 0$ (必要时作关于 z 轴的反射), 取 $0 < b \leqslant 1$, 使得

$$F_\tau(0) = -16\sqrt{\frac{1-b}{b}}. \tag{6.4.6}$$

由 (6.3.16), (6.4.5) 和 (6.4.6) 得, F 和 F_b 均为全纯微分方程 (6.2.34) 满足相同初始条件的解, 故 F 和 F_b 在公共定义域上相同, 从 (6.1.10) 可知 p 的一个邻域包含于 $\tilde{S}_b$, 这里的 $\tilde{S}_b$ 是 6.3 节螺旋面中的一个, 因为 $\tilde{S}_b$ 和 S 均是极小的, 由一致连续性得 S 是螺旋面的一部分. 定理证毕. □

注 6.1. 近年来, 关于映射的整体单值性问题越来越受到关注, 它与微分几何、代数几何、拓扑、动力系统和整体分析有密切的关系, 具体请参阅 [27,56–58,79,80].

第七章 未解决的问题

本章给出极小曲面理论中与复分析有关的一些问题.

问题一: 给定一个亚纯函数 $g: D \to \mathbb{C} \cup \{\infty\}$, 是否存在全纯函数 $f: D \to \mathbb{C}$ 使得

1) f 的零点与 g^2 的极点相同而且重数也相同;

2) 对 D 中每一条发散曲线 γ, 均有 $\int_\gamma |f|(1+|g|^2)|dz| = \infty$.

换言之, 就是哪些亚纯函数是完备极小曲面的 Gauss 映射? 我们在第三章讨论过一些障碍, 但很难找到亚纯函数是完备极小曲面的 Gauss 映射的充要条件, 任何这方面的进展都是复分析应用于极小曲面理论的一个里程碑.

问题二: 发展基于复分析的嵌入极小圆盘理论.

很长时间以来, 复分析被认为是理解 $\mathbb{R}^3$ 中极小曲面的最好的方法 (当然用变分理论研究 Plateau 问题除外), 但是最近 Colding 和 Minicozzi 给出了基于偏微分方程的新方法, 并详细讨论了嵌入的极小圆盘 ([11–14,17]). Meeks 和 Rosenberg ([50]) 利用 Colding 和 Minicozzi 的方法推广了 Xavier

以前的结果 ([77]), 证明了只有螺旋面是 $\mathbb{R}^3$ 中非平坦的单连通逆紧嵌入完备极小曲面. 于是我们有理由相信下面的猜测是正确的.

猜测: 设 M 是 $\mathbb{R}^3$ 中嵌入极小曲面,

(i) 如果 M 与 $\mathbb{C}$ 共形, 则 M 是平面或螺旋面;

(ii) 如果 M 与 D 共形, 则 M 不是完备的.

如果这个猜测是正确的, 则可得每个嵌入的单连通完备极小曲面是平面或螺旋面, 这比 Meeks 和 Rosenberg 的结果好. 考虑到极小曲面与复分析之间非常密切的关系, 我们来看下面的平行描述:

(I) (所有的) 单一的解析函数 $f\colon \mathbb{C}\to\mathbb{C}$ 具有形式 $f(z)=az+b$, $a\neq 0$.

(II) 调和共形嵌入 $I\colon \mathbb{C}\to\mathbb{R}^3$ 一定是平面或螺旋面.

问题三: 找到问题 (I) 的一个证明, 并可以利用 Weierstrass 表示, 将其推广到问题 (II).

问题 (I) 的初等证明: 设 g 是 $\mathbb{C}\setminus\overline{D}$ 上的单一的全纯函数, 且

$$g(z)=z+b_0+b_1 z^{-1}+b_2 z^{-2}+\cdots. \tag{7.0.1}$$

由单一性, 可得

$$\sum_{n=1}^{\infty} n|b_n|^2 \leqslant 1. \tag{7.0.2}$$

特别地, $|b_1|\leqslant 1$.

设 $h\colon D\to\mathbb{C}$ 是 D 上的单射, 且有表示

$$h(z)=z+a_2 z^2+a_3 z^3+\cdots,$$

则

$$h\left(\frac{1}{z}\right)^{-1}=z-a_2+(a_2^2-a_3)z^{-1}+\cdots, \quad |z|>1,$$

此式与 (7.0.1) 相同, 于是有

$$|a_2^2-a_3|\leqslant 1. \tag{7.0.3}$$

现在设 $f\colon \mathbb{C}\to\mathbb{C}$ 是全纯单射, 可以假定 $f(0)=0$, $f'(0)=1$, 否则考虑 $(f(z)-f(0))/f'(0)$. 下证 $f(z)=z$. 设
$$f(z)=z+a_2z^2+a_3z^3+\cdots,$$
取 $R>0$ 并考虑 $h\colon D\to\mathbb{C}$, $h(z)=f(Rz)/R$, 则有 $h(z)=z+a_2Rz^2+a_3R^2z^3+\cdots$, 由 (7.0.3) 得
$$|a_2^2R^2-a_3R^2|\leqslant 1,\quad \forall\, R>1.$$
所以, $a_2^2=a_3$, 即
$$\frac{f''(0)^2}{4}=\frac{f'''(0)}{6}. \tag{7.0.4}$$
令 $k(z)=(f(z+z_0)-f(z_0))/f'(z_0)$, $z_0\in\mathbb{C}$, 则 k 也是 $\mathbb{C}$ 上的单射, 且 $k(0)=0$, $k'(0)=1$, 于是 $k(z)$ 在 $z=0$ 处的展开式为
$$k(z)=z+\frac{f''(z_0)}{2f'(z_0)}z^2+\frac{f'''(z_0)}{6f'(z_0)}z^3+\cdots.$$
由 (7.0.4) 得
$$\frac{f''(z_0)^2}{4f'(z_0)^2}=\frac{f'''(z_0)}{6f'(z_0)},\quad \forall\, z_0\in\mathbb{C},$$
即
$$f''(z)^2=\frac{2}{3}f'''(z)f'(z),\quad \forall\, z\in\mathbb{C}. \tag{7.0.5}$$
假定 $\exists\, z_0\in\mathbb{C}$, 使得 $f''(z_0)\neq 0$, 则由解析连续性, 在 z_0 的一个小邻域 V 上 $f''(z)\neq 0$. 由 (7.0.5) 得
$$\frac{f'''}{f''}=\frac{3}{2}\frac{f''}{f'},\quad \log f''=\frac{3}{2}\log f'+C,$$
$$f''=k_1(f')^{3/2},\quad \frac{f''}{(f')^{3/2}}=k_1,\quad 2f^{-1/2}(z)=k_1z+k_2,$$
$$f(z)=\frac{4}{(k_1z+k_2)^2},\quad z\in V.$$
于是 f 有奇点, 矛盾, 所以 $f''\equiv 0$, 即 $f(z)=z$. $\square$

我们希望这种想法也能用于极小曲面, 但困难在于如何建立 (7.0.2) 的对应.

附录 A 螺旋面的唯一性

2005 年, Meeks 和 Rosenberg [50] 证明了螺旋面是 $\mathbb{R}^3$ 中唯一的非平坦逆紧嵌入单连通极小曲面. 他们主要是利用极小叠片结构理论和 Colding-Minicozzi 的曲率估计来证明的. 最近, Bernstein-Breiner [2] 直接利用 Colding-Minicozzi 关于嵌入极小圆盘中多值图的存在性, 给出了另一个证明.

定义 A.1. $\mathbb{R}^3$ 中互不相交的连通的单一浸入的完备极小曲面的并 $\mathscr{L}$ 称为 $\mathbb{R}^3$ 中的一个 **极小叠片结构**. $\mathscr{L}$ 中的极小曲面称为 $\mathbb{R}^3$ 的 **叶片**. 局部地, 存在 $C^{1,\alpha}$ 坐标卡 $f: D \times (0,1) \to \mathbb{R}^3$, $0 < \alpha < 1$, 使得 $\mathscr{L} = f(D \times C) \subset f(D \times (0,1))$, 其中 C 是 $(0,1)$ 的某个闭子集.

例 A.1. (1) 一个逆紧嵌入的极小曲面是最简单的极小叠片结构 (只有一个叶片).

(2) $\mathbb{R}^3$ 中的平行平面构成的闭子集也是一个极小叠片结构 (含多个叶片).

定理 A.1. 螺旋面是 $\mathbb{R}^3$ 中唯一的非平坦逆紧嵌入单连通极小曲面.

证明分为四步:

第一步: 先由 M 来构造一个极小叠片结构 $\mathscr{L}$, 说明这个极小叠片结构 $\mathscr{L}$ 具有这样的性质: 如果 $\mathscr{L}$ 只有一个叶片, 则这个叶片是 $\mathbb{R}^3$ 中逆紧嵌入曲面; 当 $\mathscr{L}$ 多于一个叶片时, 则其中一定有平行平面构成的非空闭子集 $\mathscr{P}$, 即有平面叶片; 在 $\mathbb{R}^3 \backslash \mathscr{P}$ 的任意开薄片和开半空间中最多只有 $\mathscr{L}$ 的一个叶片, 而且它 (如果存在的话) 的 Gauss 曲率无界且逆紧嵌入在这个开薄片或开半空间中; 不在 $\mathscr{P}$ 中且平行于 $\mathscr{P}$ 的平面最多与 $\mathscr{L}$ 的一个叶片相交, 且将这个叶片分为两个分支. 有多个分支时, 具有有限拓扑的叶片是平面. 证明当中利用了 [14] 中的曲率估计:

命题 A.1. 存在 $\varepsilon > 0$, 使得下面成立: $y \in \mathbb{R}^3$, $r > 0$, $\Sigma \subset B_{2r}(y) \cap \{x_3 > x_3(y)\} \subset \mathbb{R}^3$ 是紧的嵌入极小圆盘, $\partial \Sigma \subset \partial B_{2r}(y)$, 对 $B_r(y) \cap \Sigma$ 的满足 $B_{\varepsilon r}(y) \cap \Sigma' \neq \emptyset$ 的任意连通分支 Σ', 有 $\sup_{\Sigma'} |A_{\Sigma'}|^2 \leqslant r^{-2}$.

由命题 A.1 可得如下形式的曲率估计: 设 Σ 是经过坐标原点且边界含于 $B_1(0)$ 的边界的任一紧的光滑曲面, 存在 $\varepsilon > 0$ 和常数 c, 使得如果 D 是 $B_1(0)$ 中与 Σ 不相交的嵌入极小圆盘, $\partial D \subset \partial B_1(0)$, 则 D 在 $B_\varepsilon(0)$ 内的曲率 $\leqslant c$.

定义 A.2. 如果极小曲面 M 与任意闭球的交的 Gauss 曲率有常数 (该常数仅与球有关) 下界, 则称 M 是**局部有界曲率**的.

注 A.1. 极小叠片结构 $\mathscr{L}$ 的每个叶片都是局部有界曲率的 (因为 $\mathscr{L}$ 的叶片与闭球的交是紧的, 而且 Gauss 曲率函数是连续的).

引理 A.1. [50] 若 M 是 $\mathbb{R}^3$ 中连通的具有局部有界曲率的嵌入完备极小曲面, 则下列之一成立:

(1) M 逆紧嵌入 $\mathbb{R}^3$ 中;

(2) M 逆紧嵌入 $\mathbb{R}^3$ 中的一个开的半空间中, 而且半空间的边界平面是 M 的极限集;

(3) M 逆紧嵌入 $\mathbb{R}^3$ 中的一个开的厚片 (slab) 中, 而且它的边界平面

是 M 的极限集.

证明思路: 先由 M 来构造一个极小叠片结构 $\mathscr{L}$, 然后证明 $\mathscr{L}$ 的每个极限叶片都是平面, 其中利用了结果: 稳定的极小曲面是平面.

注 A.2. 由半空间定理 (定理 5.19), 当条件"局部有界曲率"换成"有界曲率"时, 引理 A.1 中的后两条不成立.

引理 A.2. [50] 设 M 是 $\mathbb{R}^3$ 中连通的具有局部有界曲率的嵌入完备极小曲面, 如果 M 不是逆紧的, P 是 M 的极限平面, 则 $\forall \varepsilon > 0$, P 的闭 ε-邻域与 M 的交是连通集, 并且其曲率是无界的.

定义 A.3. 如果曲面 M 与挖去有限多个点的紧曲面同胚, 则称曲面 M 具有**有限拓扑**.

引理 A.3. [50] 设 M 是 $\mathbb{R}^3$ 中具有有限拓扑和局部有界曲率的完备嵌入极小曲面, 则 M 逆紧嵌入到 $\mathbb{R}^3$ 中.

注 A.3. 我们知道当引理 A.1 中条件"局部有界曲率"换成"有界曲率"时, 引理 A.1 中的后两条不成立. 引理 A.3 是说在引理 A.1 中再加上有限拓扑的限制, 引理 A.1 中的后两条也不成立.

注 A.4. 具有有限亏格和局部有界曲率的嵌入完备极小曲面 M 也是逆紧的 ([46]).

由引理 A.1–A.3, 我们得

定理 A.2. 设 $\mathscr{L}$ 是 $\mathbb{R}^3$ 中的极小叠片结构, 如果 $\mathscr{L}$ 只有一个叶片, 则这个叶片是 $\mathbb{R}^3$ 中逆紧嵌入曲面; 当 $\mathscr{L}$ 有多个叶片时, 则 $\mathscr{L}$ 是一个由平行平面构成的非空闭子集 $\mathscr{P}$ 和逆紧嵌入到 $\mathbb{R}^3 \setminus \mathscr{P}$ 中开厚片和半空间中的具有无界 Gauss 曲率的一些完备极小曲面的无交并, 而且这些开的厚片和半空间中至多只含有 $\mathscr{L}$ 的一个叶片, 不在 $\mathscr{P}$ 中且平行于 $\mathscr{P}$ 的平面最多与 $\mathscr{L}$ 的一个叶片相交, 且将这个叶片分为两个分支. 当 $\mathscr{L}$ 有多个叶片时, 具有有限拓扑的叶片是平面.

注 A.5. Meeks, Pérez 和 Ros ([46]) 证明了若 M 是 $\mathbb{R}^3$ 中具有有限亏格和局

部有界曲率的嵌入完备极小曲面,则 M 是逆紧的,所以由定理 A.2, 当 $\mathscr{L}$ 有多个叶片时,具有有限亏格的叶片是平面. 定理 A.2 以及 Meeks, Pérez 和 Ros 在 [46–48] 中的相关推广在经典的极小曲面理论近年来的发展中起了非常重要的作用.

第二步: 给定一个序列: $\lambda(i) \in \mathbb{R}^+$, $\lambda(i) \to 0$ $(i \to \infty)$, 考虑曲面序列 $M(i) = \lambda(i)M$. 存在子列 $M(i_j)$ 收敛于 $\mathbb{R}^3$ 中的一个由平面叶片构成的极小叠片结构 $\mathscr{L}$, 而且收敛是光滑的, 除了一条连通的 Lipschitz 曲线 $S(\mathscr{L})$, $S(\mathscr{L})$ 经过原点, 且与 $\mathscr{L}$ 的每个叶片只相交于一点, $S(\mathscr{L})$ 包含于顶点在原点, 轴垂直于 $\mathscr{L}$ 的锥 C 中. 由 [12] 中的唯一扩张结果知 $\mathscr{L}$ 与序列 $\lambda(i) \in \mathbb{R}^+$ $(\lambda(i) \to 0)$ 的选取无关. 不妨设 $\mathscr{L}$ 是由水平平面构成的, E 是轴为 x_3 轴的垂直柱面, 满足 $E \cap C = E \cap \partial C = \partial E = S_+ \cup S_-$, $S_\pm = \partial C \cap \{(x_1, x_2, \pm 1)\}$.

定理 A.3. 设 M 是 $\mathbb{R}^3$ 中逆紧嵌入的非平坦的单连通极小曲面, $\lambda(i) \in \mathbb{R}^+$, $\lambda(i) \to 0$, 则

(1) $\lambda(i)M$ 存在子列 $M(i_j)$ 收敛于 $\mathbb{R}^3$ 中平面构成的叶状结构 $\mathscr{L}$, 而且与序列 $\lambda(i) \to 0$ 的选取无关.

(2) $\mathscr{L}$ 中平面横截于 M, 特别地, M 的 Gauss 映射不取垂直于 $\mathscr{L}$ 中平面的一对单位向量.

证明: 给定序列 $\lambda(i) \in \mathbb{R}^+$, $\lambda(i) \to 0$, 令 $M(i) = \lambda(i)M$. 由凸球性质, 对 $\mathbb{R}^3$ 中任意球 B, $M(i) \cap B$ 的每个分支的每个边界分支围成 $M(i)$ 上的圆盘, 所以 $M(i) \cap B$ 的每个分支是单连通的, 而且在原点的任意小邻域中, $M(i) = \lambda(i)M$ 的任意子列都不是曲率有界的. 由 [11, 定理 0.2], 存在 $M(i)$ 的子列 $M(i_j)$ 收敛于 $\mathbb{R}^3$ 中平面构成的叶状结构 $\mathscr{L}$, 而且除了沿一条 Lipschitz 曲线 $S(\mathscr{L})$ 外收敛是光滑的, 曲线 $S(\mathscr{L})$ 经过原点, 且落在顶点在原点, 轴垂直于 $\mathscr{L}$ 的锥 $C = C(\mathscr{L})$ 上, C 由 $S(\mathscr{L})$ 的 Lipschitz 常数唯一决定, 也就是由曲率估计唯一决定. 多值图 $M(i_j)$ 围绕 $S(\mathscr{L})$ 从原点

附近出发, 由唯一扩张定理 ([12]), 多值图 $M(i_j)$ 可以沿所有方向扩张到无穷远处, 成为平坦的多值图, 其法向是极限法向, 所以 $\mathscr{L}$ 与序列 $\lambda(i) \to 0$ 的选取无关, 即 (1) 成立.

设 $\mathscr{L}$ 是由水平平面构成的叶状结构, E 是轴为 x_3 轴的紧的直柱面, 使得 $E \cap C = E \cap \partial C = \partial E = S_+ \cup S_-$, 其中 $S_\pm = \partial C \cap \{(x_1, x_2, \pm 1)\}$, 设 $M(i) \to \mathscr{L}$, 其奇异集为 $S(\mathscr{L})$. 对每个充分大的 i, $M(i) \cap E$ 包含: 有限多个紧弧 $\alpha(i, 1), \ldots, \alpha(i, n(i))$, 其两个端点分别落在 S_+ 和 S_- 上; 有限多个紧弧 $\beta(i, 1), \ldots, \beta(i, k(i))$, 其两个端点同时落在 S_+ 或 S_- 上; 以及一个有限点集. 当 i 充分大时, α, β 曲线的切向几乎水平, β 曲线是其到 ∂E 的投影上的图, 令 $i \to \infty$, β 曲线收敛到常值函数 ± 1 决定的图. i 充分大时, 每个 α 曲线是其投影到 S_- 上的高阶多层图, 且其缠绕数趋近于无穷.

设 $\tilde{E}(i)$ 是 $E \setminus \cup_{j=1}^{k(i)}$ 中包含 α 曲线的分支的闭包, 经过小的形变, 使得 $\tilde{E}(i)$ 的上下底曲线 $\gamma(i, +)$, $\gamma(i, -)$ 围成一个柱面 $E(i) \subset E$, $E(i)$ 交 $M(i)$ 于原来的 α 曲线, 而且当 $i \to \infty$ 时, $\gamma(i, +)$ 和 $\gamma(i, -)$ C^1 收敛于 ∂E. 对 $E(i)$ 的平行圆叶状结构进行小的 C^1 扰动, 使得 $\gamma(i, +)$ 和 $\gamma(i, -)$ 是扰动后的叶状结构的叶片, 该叶状结构的每个叶片是 $E(i)$ 上的闭曲线, 且与 α 曲线横截于一点, 设该叶状结构的每个叶片的参数化为 $\gamma(i, t)$ ($-1 \leqslant t \leqslant 1$), 且 $\gamma(i, t)$ 收敛于 E 上高度为 t 的水平的圆. 由于 $\gamma(i, t)$ 是 S_- 上的图, 由 Rado 定理, $\gamma(i, t)$ 是唯一的极小圆盘 $D(i, t)$ 的边界, $D(i, t)$ 是圆盘 $\{(x_1, x_2, x_3) \mid x_1^2 + x_2^2 \leqslant 1, x_3 = -1\}$ 上的图. 这些圆盘 $D(i, t)$ 构成一个 C^1 叶状结构 $W(i) = \cup_{-1 \leqslant t \leqslant 1} D(i, t)$, 且 C^1 收敛于 E 围成的圆柱体中水平圆盘构成的叶状结构.

由 Sard 定理, 圆盘 $D(i, \pm 1)$, $D(i, \pm 1/2)$ 均横截于 $M(i) \cap W(i)$, 同时可以证明当 i 很大时, 每个圆盘 $D(i, t)$ ($-1/2 \leqslant t \leqslant 1/2$) 也横截于 $M(i)$. 令 $\tilde{W}(i) = \cup_{-1/2 \leqslant t \leqslant 1/2} D(i, t)$, 我们考虑形变扩张 $\frac{1}{\lambda(i)} \tilde{W}(i)$, 其相应的叶状结构 $\mathscr{F}(i)$ 的叶片是形变圆盘 $\frac{1}{\lambda(i)} D(i, t)$, $-1/2 \leqslant t \leqslant 1/2$, $\mathscr{F}(i)$ 按 C^1 范数收敛

于 $\mathbb{R}^3$ 中水平平面构成的叶状结构，即 $\mathscr{L}$. 因为 $\mathscr{F}(i)$ 的叶片横截于 M 以及 M 的 Gauss 映射是开映射，所以 $\mathscr{L}$ 中平面横截于 M.

同上面证明 $\mathscr{L}$ 中平面与 M 横截类似，可以证明当 i 充分大时，$M \cap \tilde{W}(i)$ 是一个连通的圆盘 $K(i)$，它有 $n(i)$ 个 α 曲线构成的边界，参数化 $\tilde{W}(i)$ 的圆盘叶层导出一个自然的参数函数 $F: \tilde{W}(i) \to [-1/2, 1/2]$. 因为叶片 $D(i,t)$ 横截于 $K(i)$，$F|_{K(i)}$ 没有内部的临界点，由初等 Morse 理论得 $n(i) = 2$，即 α 曲线的条数为 2. □

第三步: 设 $\mathscr{H}$ 是边界趋近于 ∂C 的旋转双曲面围成的实心几何体，$K = \mathscr{H} \cap M$，$\mathscr{W} = \overline{\mathbb{R}^3 \backslash \mathscr{H}}$，证明 $\mathscr{W} \cap M$ 由两个梯度渐近到 0 的多层图组成.

定理 A.4. 经过适当的形变后，$M \cap \mathscr{W}$ 是其在 $x_1 x_2$ 平面投影上的多层图，它有两个单连通的分支 $M(1)$，$M(2)$，每个分支都有一个边界分支是逆紧的弧. 取定 M 的定向，$M(1)$ 上任意发散的点列处的单位法向量序列收敛于 $(0, 0, 1)$，$M(2)$ 上任意发散的点列处的单位法向量序列收敛于 $(0, 0, -1)$. 特别地，多层图 $M(1)$，$M(2)$ 有渐近到 0 的梯度，且是次线性增长的，$K = M - [\text{Int}(M(1)) \cup \text{Int}(M(2))]$ 是 M 中的一个带形.

证明: 取定发散点列 $\{p(i)\} \in M \cap \mathscr{W}$ 并考虑相关序列 $(1/\|p(i)\|)M = M(i)$，如果 M 在 $p(i)$ 处的法线不收敛于垂线，则点列 $\{q(i) = p(i)/\|p(i)\|\}$ 必有收敛子列 $q(i_j)$，设其收敛于 $q \in S^2 \backslash \text{Int}(C)$. 因为 $\mathscr{L}(M)$ 是水平平面构成的叶状结构，故 q 是 $M(i_j)$ 的任意收敛子列的奇异点，这与收敛的奇异点集包含于 $\text{Int}(C) \cup \{(0, 0, 0)\}$ 矛盾，这说明在 $M \cap \mathscr{W}$ 的某紧子集外，M 的 Gauss 映射偏离于水平面，所以经过形变后，可设 $M \cap \mathscr{W}$ 的 Gauss 映射是偏离于水平面的且收敛于垂直方向. 由定理 A.3 证明的最后一节描述，$\partial(M \cap \mathscr{W})$ 有两条边界曲线，所以 $M \cap \mathscr{W}$ 有两个分支，它们都是其在 $x_1 x_2$ 平面投影上的多层图. 又因为 M 分离 $\mathbb{R}^3$，这两个多层图具有相反的定向，定理得证. □

第四步: 证明存在正整数 n_0, 如果 G 是 $D \subset \mathbb{R}^2 \times \{0\}$ 上的具有零边界值和有界梯度的极小图, 则 G 至多有 n_0 个分支不包含在 $x_1 x_2$ 平面内, 并证明这样的极小图 G 的有限连通性质. 再利用这个有限连通性质和上面对 $\mathscr{W} \cap M$ 的描述, 来证明 $\mathscr{L}(M)$ 中的每个平面与 M 横截于一段 (逆紧的) 弧, 从而说明曲面是抛物的, 而且第三个坐标可表示为 $x_3 = \operatorname{Re} z$. 最后证明球极投影的 Gauss 映射为 $g(z) = e^{bz+c}$, 并由此得到 M 是直的螺旋面.

由定理 A.4, M 分解为三个分支: 逆紧的带形区域 K 和两个圆盘 $M(1), M(2)$, 每个分支都有一个非紧的边界分支. $M(1), M(2)$ 到 $x_1 x_2$ 平面的投影是逆紧的淹没. 利用 M 的这个分解还可以证明全纯函数 $h = x_3 + i x_3^*: M \to \mathbb{C}$ 是共形微分同胚, 即

定理 A.5. ∇x_3 或 $-\nabla x_3$ 没有渐近曲线①, 所以 $h = x_3 + i x_3^*: M \to \mathbb{C}$ 是共形微分同胚.

由定理 A.5 和初等覆叠空间理论, 必要时作旋转, $\mathbb{R}^3$ 中逆紧嵌入的单连通极小曲面 M 是抛物的, 即可参数化为 $x_3 = \operatorname{Re} z, z \in \mathbb{C}$, 其 Gauss 映射为 $G: M \to S^2$, 球极投影后的 Gauss 映射为 $g(z) = e^{H(z)}: M \to \mathbb{C} \cup \{\infty\}$, 其中 $H(z)$ 是 $\mathbb{C}$ 上的函数. 下面来证明 $H(z) = \alpha z, \alpha \in i \mathbb{R} \backslash \{0\}$, 即 M 是垂直的螺旋面.

引理 A.4. 完备极小曲面 M 定义为 $f: \mathbb{C} \to \mathbb{R}^3, x_3 = \operatorname{Re} z, g(z) = e^{H(z)}$, $H(z)$ 是非常数的多项式, 则 M 具有有界非零的 Gauss 曲率当且仅当 $H(z)$ 是线性的. 特别地, 当 M 是嵌入, 具有有界曲率, 且 $H(z)$ 是线性的, 则 M 是垂直的螺旋面.

证明: 设 $H(z) = a_n z^n + \cdots + a_0$ 是非常数的多项式, 则 $g(z) = e^{H(z)}$ 在无穷远处是本性奇异的, 于是存在 $\mathbb{C}$ 中的点列 $p(i): |p(i)| \to \infty, g(z) \to 1$.

---

① ∇x_3 或 $-\nabla x_3$ 的积分曲线 $\gamma: [0, \infty) \to M$ 称为 ∇x_3 或 $-\nabla x_3$ 的具有渐近值为 $\gamma(\infty) \in \mathbb{R}$ 的渐近曲线, 如果 $\lim_{t \to \infty} x_3(\gamma(t)) = \gamma(\infty)$.

由于 M 的 Gauss 曲率为

$$K = -16\Big(\frac{|g||g'|}{(1+|g|^2)^2}\Big)^2 = -16|H'|^2\Big(\frac{|g|^2}{(1+|g|^2)^2}\Big)^2,$$

若 $H(z)$ 不是一次的多项式, 则 $K(p(i)) \to -\infty$, 矛盾, 所以 $H(z) = az + b$. 经过共形坐标变换, 有 $H(\omega) = i\omega$, 而且存在 $c \in \mathbb{C}$ 使得 $d\omega = cdz$, 所以 M 是垂直的螺旋面的伴随曲面 (associate surface), 且仅当 M 是垂直的螺旋面时才是嵌入的. □

引理 A.5. 若存在 S^2 中纬线 γ, $g^{-1}(\gamma)$ 是嵌入连通弧, 则 $H(z)$ 是线性的.

引理 A.6. 若 $H(z)$ 不是多项式, 则存在 S^2 中纬线 γ, $G^{-1}(\gamma)$ 由包含于 $\mathscr{H}$ 的无穷多个逆紧的弧 $\Gamma = \{\alpha(k) \mid k \in \mathbb{N}\}$ 组成. 对每个 $n \in \mathbb{N}$ 存在一个大的数 $T(n) \in \mathbb{R}^+$, 对任意 $t: |t| \geqslant T(n)$, 高度为 t 的水平面至少与 Γ 中 n 个弧相交.

取 $\lambda(i) \to 0$, 设 $\lambda(i)M$ 收敛于 $\mathbb{R}^3$ 中由水平面构成的叶状结构, 其奇异集是 S, S 与每个平面只交于一点. 令 $p \in S(\mathscr{L})$ 是高度为 4 的奇异点, B 是中心为 p 的单位闭球, $d: B \to [0,1]$ 是到 ∂B 的距离函数, K 是 $\lambda(i)M$ 的 Gauss 曲率函数, $\forall i$. 在 B 中适当选取 $p(i) \in \lambda(i)M$, 使得函数

$$k_i: \lambda(i)M \cap B \to [0,\infty), \quad k_i(x) = \sqrt{|K(x)|} \cdot d(x)$$

在 $p(i)$ 处有最大值. 设 $K(i)$ 是 $p(i)$ 处 Gauss 曲率的绝对值, 令 $M(i) = \sqrt{K(i)}[\lambda(i)M - p(i)]$ ($-p(i)$ 表示平移), 则 $\{M(i)\}$ 的 Gauss 曲率在 $\mathbb{R}^3$ 的紧子集上一致收敛, 且存在子列 $M(i_j)$ 光滑收敛于 $\mathbb{R}^3$ 中极小叠片结构 $\mathscr{L}$.

引理 A.7. $\mathscr{L}$ 是逆紧嵌入的单连通极小曲面 $\hat{M}$, 且 Gauss 映射不取 $\{0,\infty\}$, Gauss 曲率有界且在原点处的 Gauss 曲率为 -1, 而且, $M(i_j)$ 到 $\hat{M}$ 的收敛是一重的且 $\mathscr{L}(\hat{M}) = \mathscr{L}(M)$.

命题 A.2. $H(z)$ 是线性的.

证明: 由引理 A.5, 只需证明存在 S^2 中纬线 γ, $g^{-1}(\gamma)$ 是嵌入连通弧. 首先我们证明 $H(z)$ 是多项式. 假设 $H(z)$ 不是多项式, 由引理 A.6, 对每

个 $n \in \mathbb{N}$, 存在一个大的数 $T(n) \in \mathbb{R}^+$, 对任意 $t: t \geqslant T(n)$, 高度为 t 的水平面 $P(t)$ 至少与 $G^{-1}(\gamma)$ 的 n 个分支相交.

取 $\lambda(i) \to 0$, 设 $\lambda(i)M$ 收敛于 $\mathbb{R}^3$ 中由水平面构成的叶状结构, 令 $p \in S(\mathscr{L})$ 是高度为 4 的点, B 是中心在 p 的单位闭球, $d: B \to [0,1]$ 是到 ∂B 的距离函数, K 是 $\lambda(i)M$ 的 Gauss 曲率函数. 在 B 中适当选取 $p(i) \in \lambda(i)M$, 从前面的描述知 $M(i) = \sqrt{K(i)}\,[\lambda(i)M - p(i)]$ (此处 $-p(i)$ 表示平移) 光滑收敛于非零有界曲率的单连通极小曲面 $\hat{M}$. 因为 $p(i) \in \lambda(i)M$ 属于中心为高度 4 半径为 1 的球 B, 所以 $x_3(p(i)) \geqslant 3$. 又 $\lambda(i) \to 0$, 于是当 i 充分大时, $x_3(p(i)) \geqslant \lambda(i)T(n)$, 从而包含 $p(i)$ 的水平面至少与 $\overline{G}^{-1}(\gamma)$ 的 n 个分支相交, 这里 $\overline{G}$ 是 $\lambda(i)M$ 的 Gauss 映射, 经过平移和相似扩张, 高度为 0 的水平面 P 与 $G_i^{-1}(\gamma)$ 的至少 n 个分支相交, 其中 G_i 是 $M(i)$ 的 Gauss 映射 (i 充分大).

因为几乎所有的 $r \in [-1,1]$ 都是正则值, 所以可选取充分小的 r, 它是 $x_3 \circ G$ 和 $x_3 \circ \hat{G}$ 的正则值, 使得高度为 r 的纬线 γ 满足 $G^{-1}(\gamma) \subset \hat{\mathscr{H}}$, 其中 $\hat{\mathscr{H}}$ 是 $\hat{M}$ 的双曲几何体. 因为当 i 充分大时, $\hat{\Gamma} = \hat{G}^{-1}(\gamma)$ 中有有限个 (设为 k 个) 弧包含于薄片 $x_3^{-1}([-2,2])$ 中, 所以 $\Gamma_i = G_i^{-1}(\gamma)$ 中至多有 k 个弧包含于 $\hat{\mathscr{H}} \cap x_3^{-1}([-1,1])$. 但由前面的讨论知, 至少存在另外一个弧 $\alpha(i) \in \Gamma_i$, 它交 P 于 $\hat{\mathscr{H}}$ 外的点 $q(i)$, $\{q(i)\}$ 是 $P \cap M(i)$ 中的发散序列. 现在考虑一个新的曲面序列 $N(i) = (1/\|q(i)\|)M(i)$, 由定理 A.3 和引理 A.7, 存在 $N(i)$ 的子列收敛于 $\mathbb{R}^3$ 中的水平面构成的叶状结构 $\mathscr{L}(\hat{M}) = \mathscr{L}(M)$, 其奇异曲线 $S(\mathscr{L}(\hat{M}))$ 经过原点且包含于顶点在原点的垂直锥 C. 因为 $N(i)$ 在 $q(i)/\|q(i)\|$ 点处的切平面不是水平的, 故序列 $q(i)/\|q(i)\|$ 的任意极限点都属于 C, 又这个点列落在 P 中单位圆上, 得到矛盾, 所以 $H(z)$ 是多项式.

如果 $H(z)$ 不是线性的, 则存在 S^2 中纬线 γ, 使得 $G^{-1}(\gamma)$ 至少包含两段逆紧的弧属于 $\mathscr{H}$. 类似于引理 A.6 的证明, 存在一个数 T, 对任意 $t: t \geqslant T$, 高度为 t 的水平面 $P(t)$ 至少与 Γ 中两个弧相交. 同 $H(z)$ 是多

项式的证明, 我们有极小曲面序列 $M(i)$ 收敛于逆紧嵌入的单连通且曲率有界的极小曲面 $\hat{M}$, 同样, $\hat{H}(z)$ 是多项式, $\mathscr{L}(\hat{M}) = \mathscr{L}(M)$ 是水平面构成的叶状结构. 由定理 A.5, $h = x_3 + ix_3^*\colon M \to \mathbb{C}$ 是共形微分同胚, 由引理 A.4, $\hat{M}$ 是垂直的螺旋面, 于是当 i 充分大时, $G_i^{-1}(\gamma) \cap \mathscr{H}$ 只包含一个与水平平面 P 相交的分支, 但 $G_i^{-1}(\gamma) \cap P$ 包含 $\mathscr{H}$ 外的点 $q(i)$, 得到矛盾 (同证明 $H(z)$ 是多项式的方法), 所以 $H(z)$ 是线性的. □

由引理 A.4 和命题 A.2 得 M 是垂直的螺旋面, 即得到定理 A.1 的证明.

附录 B　极小曲面理论在 Poincaré 猜想证明中的应用

Poincaré 猜想: 每个单连通的三维闭流形都同胚于 S^3.

2003 年, Grisha Perelman 在解决 Poincaré 猜想时提出了这样的问题: 3 维流形上从任意度量出发的 Ricci 流, 有限时间会消失吗? 其困难在于, 对于这样的一般度量, 是否有好的办法来构造极小曲面? 然而, 有一个构造这种极小曲面的自然的方法, 即极小-极大 (min-max) 方法, 于是问题的关键就是要分析在 Ricci 流下, 极小-极大曲面的面积是如何改变的. 同年, Perelman 解决了 Ricci 流有限时间消失问题 [62]. 2005 年, Colding 和 Minicozzi 给出了一个不同而且从某种意义上说是比较简单的解决方法 [16,21]. 由于 Colding 和 Minicozzi 的方法从几何学的角度是一种更自然的方法, 而且还可以反映出消失时间的下界, 所以我们这里介绍 Colding 和 Minicozzi 的方法.

§B.1 宽度和有限消失定理

令 $\Omega = \{\sigma\colon S^2 \times [0,1] \to M$ 连续, $\sigma(\cdot,t) \in C^0 \cap W^{1,2}$, $t \mapsto \sigma(\cdot,t)$ 是连续的, $\sigma(S^2 \times \{0\})$, $\sigma(S^2 \times \{1\})$ 是常值$\}$, 给定 $\beta \in \Omega$, 令 Ω_β 是 Ω 中与 β 同伦的映射的集合. 定义与同伦类 Ω_β 相关的 (能量) 宽度 $W_E = W_E(\beta, M)$ 如下:

$$W_E = \inf_{\sigma \in \Omega_\beta} \max_{t \in [0,1]} E(\sigma(\cdot,t)), \tag{B.1.1}$$

其中

$$E(\sigma(\cdot,t)) = \frac{1}{2}\int_{S^2} |\nabla_x \sigma(x,t)|^2 dx.$$

由定义知 $W_E \geqslant 0$, 且由 [21] 的注解知, 当 Ω_β 是非平凡的同伦类时, $W_E > 0$.

注 B.1. 也可以利用面积来定义宽度

$$W_A = \inf_{\sigma \in \Omega_\beta} \max_{t \in [0,1]} \mathrm{Area}(\sigma(\cdot,t)).$$

$W^{1,2}$ 映射 $u\colon S^2 \to \mathbb{R}^N$ 的面积是 $J_u = \sqrt{\det(du^T du)}$ 的积分, 如果 e_1, e_2 是 $D \subset S^2$ 的幺正标架, 则 $J_u = \sqrt{|u_{e_1}|^2 |u_{e_2}|^2 - \langle u_{e_1}, u_{e_2}\rangle^2} \leqslant |du|^2/2$,

$$\mathrm{Area}(u|_D) = \int_D J_u \leqslant E(u|_D),$$

即面积小于等于能量, 且等号成立当且仅当 $\langle u_{e_1}, u_{e_2}\rangle = 0$, $|u_{e_1}|^2 = |u_{e_2}|^2$. 我们知道在经典的 Plateau 问题中, 用能量函数易于处理极小曲面的存在性, 其实对 Plateau 问题, $W_E = W_A$ (见 [21, 命题 1.5]).

设 M 是三维光滑可定向闭流形, $\{g(t)\}$ 是 M 上单参数的度量族, 且满足

$$\partial_t g = -2\mathrm{Ric}_{M_t}. \tag{B.1.2}$$

当 M 是素的且非球面时 (即存在 $k > 1$, $\pi_k(M) \neq \{0\}$), 如果 M 是可约的, 则 $M = S^2 \times S^1$, 于是 $\pi_3(M) \cong \mathbb{Z}$; 如果 M 是不可约的, 则由球面定理, $\pi_2(M) = \{0\}$, 再由 Hurewicz 同构定理得 $\pi_3(M) \neq \{0\}$ (因为 M 是

非球面的). 于是可取非平凡的同伦类 Ω_β, 对任意度量 $g(t)$, 有 $W(g(t)) = W(\beta, g(t)) > 0$. 下面我们给出 $W(g(t))$ 的微分的上界:

定理 B.1. 设 (M,g) 是素的且非球面的可定向三维光滑闭流形, $g = g(0)$, 则在 Ricci 流下, $W(g(t))$ 满足

$$\frac{d}{dt} W(g(t)) \leqslant -4\pi + \frac{3}{4(t+C)} W(g(t)), \tag{B.1.3}$$

所以 $g(t)$ 有限时间消失.

将 (B.1.3) 式写成下式:

$$\frac{d}{dt} \left(W(g(t))(t+C)^{-3/4} \right) \leqslant -4\pi (t+C)^{-3/4}, \tag{B.1.4}$$

两边积分得

$$(T+C)^{-3/4} W(g(T)) \leqslant C^{-3/4} W(g(0)) - 16\pi [(T+C)^{1/4} - C^{1/4}]. \tag{B.1.5}$$

由于 $W \geqslant 0$, 在上式中令 T 充分大, 得 $g(t)$ 消失. 于是得

推论 B.1. ([62]) 设 (M,g) 是闭的可定向三维光滑流形, $g = g(0)$, 且其素因子分解中只有非球面因子, 则在带手术的 Ricci 流下, $g(t)$ 有限时间消失.

要证明上面的定理, 我们还需要下面的一些事实:

第一, 由数量曲率 $R = R(t)$ 的发展方程 ([32, p. 16])

$$\partial_t R = \Delta R + 2|\mathrm{Ric}|^2 \geqslant \Delta R + \frac{2}{3} R^2 \tag{B.1.6}$$

和极大原理得, 当 $t > 0$ 时有

$$R(t) \geqslant \frac{1}{\frac{1}{\min R(0)} - \frac{2t}{3}} = -\frac{3}{2(t+C)}. \tag{B.1.7}$$

第二, 如果 $\{\Sigma_i\}$ 是分支极小 2-球的集合, $f \in W^{1,2}(S^2, M)$, 且 varifold 距离 $d_V(f, \cup_i \Sigma_i) < \varepsilon$, 则对 M 上任意光滑二次形式 Q, 有

$$\left| \int_f (\mathrm{Tr}(Q) - Q(\boldsymbol{n}_f, \boldsymbol{n}_f)) - \sum_i \int_{\Sigma_i} (\mathrm{Tr}(Q) - Q(\boldsymbol{n}_{\Sigma_i}, \boldsymbol{n}_{\Sigma_i})) \right|$$

$$< C\varepsilon \|Q\|_{C^1} \text{Area}(f). \tag{B.1.8}$$

第三, 极小 2-球的面积变化率的上界. 设 X 是一个闭曲面, $f: X \to M$ 是 $W^{1,2}$ 映射, 则经过计算得 ([32, pp. 38–41])

$$\frac{d}{dt}\Big|_{t=0} \text{Area}_{g(t)}(f) = -\int_f [R - \text{Ric}_M(\boldsymbol{n}_f, \boldsymbol{n}_f)]. \tag{B.1.9}$$

如果 $\Sigma \subset M$ 是闭的浸入极小曲面, 则

$$\frac{d}{dt}\Big|_{t=0} \text{Area}_{g(t)}(\Sigma) = -2\int_\Sigma K_\Sigma - \int_\Sigma [|A|^2 + \text{Ric}_M(\boldsymbol{n},\boldsymbol{n})]$$

$$= -\int_\Sigma K_\Sigma - \frac{1}{2}\int_\Sigma [|A|^2 + R], \tag{B.1.10}$$

其中 K_Σ 是 Σ 的曲率, A 是 Σ 的第二基本形式, $|A|^2$ 是 Σ 的主曲率的平方和, 这里还利用了 Gauss 方程 $K_\Sigma = K_M - \frac{1}{2}|A|^2$.

引理 B.1. 设 $\Sigma \subset M^3$ 是分支极小浸入 2-球, 则

$$\frac{d}{dt}\Big|_{t=0} \text{Area}_{g(t)}(\Sigma) \leqslant -4\pi - \frac{\text{Area}_{g(0)}(\Sigma)}{2} \min_M R(0). \tag{B.1.11}$$

证明: 设 $\{p_i\}$ 是 Σ 的分支点, 其分支阶数分别为 $b_i > 0$, 则由 (B.1.10) 及带有分支点的 Gauss-Bonnet 定理得

$$\frac{d}{dt}\Big|_{t=0} \text{Area}_{g(t)}(\Sigma) \leqslant -\int_\Sigma K_\Sigma - \frac{1}{2}\int_\Sigma R$$

$$= -4\pi - 2\pi \sum b_i - \frac{1}{2}\int_\Sigma R, \tag{B.1.12}$$

由此可得 (B.1.11). □

第四, 用调和映射的结果说明实现宽度 $W(g)$ 的极小球的存在性, 即

命题 B.1. 设 g 是 M 上的度量, $\beta \in \Omega$ 决定 $\pi_3(M)$ 中一个非平凡的同伦类, 则存在序列 $\gamma^j \in \Omega_\beta$, 满足 $\max_{s\in[0,1]} E(\gamma^j(\cdot,s)) \to W(g)$, 使得对给定的 $\varepsilon > 0$, 存在 $\bar{j}, \delta > 0$, 当 $j > \bar{j}$ 和

$$\text{Area}(\gamma^j(\cdot,s)) > W(g) - \delta \tag{B.1.13}$$

时, 存在有限多个调和映射 $u_i\colon S^2 \to M$, 成立

$$d_V(\gamma^j(\cdot,s), \cup_i\{u_i\}) < \varepsilon. \tag{B.1.14}$$

定理 B.1 的证明: 固定时间 τ, $\tilde{C}$ 表示仅与 τ 有关的常数, 但下面每行的 $\tilde{C}$ 可以不相同. 令 $\gamma^j(\tau)$ 是命题 B.1 中的序列 (关于度量 $g(\tau)$). 我们先证明结论: 给定 $\varepsilon > 0$, 存在 $\bar{j}, \bar{h} > 0$, 当 $j > \bar{j}$ 和 $0 < h < \bar{h}$ 时, 有

$$\begin{aligned}&\operatorname{Area}_{g(\tau+h)}(\gamma_s^j(\tau)) - \max_{s_0} \operatorname{Area}_{g(\tau)}(\gamma_{s_0}^j(\tau)) \\ &\leqslant \Big[-4\pi + \tilde{C}\varepsilon + \frac{3}{4(\tau+C)} \max_{s_0} \operatorname{Area}_{g(\tau)}(\gamma_{s_0}^j(\tau))\Big]h + \tilde{C}h^2.\end{aligned} \tag{B.1.15}$$

由命题 B.1, 存在 $\bar{j}, \delta > 0$, 当 $j > \bar{j}$ 和 $\operatorname{Area}_{g(\tau)}(\gamma_s^j(\tau)) > W(g) - \delta$ 时, 令 $\cup_i \Sigma_{s,i}^j(\tau)$ 是命题 B.1 中极小球的并, 在 (B.1.8) 式中令 $Q = \operatorname{Ric}_M$ 并利用 (B.1.9)、引理 B.1 和 (B.1.7) 得

$$\begin{aligned}&\frac{d}{dt}\Big|_{t=\tau} \operatorname{Area}_{g(t)}(\gamma_s^j(\tau)) \\ &\leqslant \frac{d}{dt}\Big|_{t=\tau} \operatorname{Area}_{g(t)}(\cup_i \Sigma_{s,i}^j(\tau)) + \tilde{C}\varepsilon\|\operatorname{Ric}_M\|_{C^1} \operatorname{Area}_{g(t)}(\gamma_s^j(\tau)) \\ &\leqslant -4\pi - \frac{\operatorname{Area}_{g(\tau)}(\gamma_s^j(\tau))}{2} \min_M R(\tau) + \tilde{C}\varepsilon \\ &\leqslant -4\pi + \frac{3}{4(t+C)} \max_{s_0} \operatorname{Area}_{g(\tau)}(\gamma_{s_0}^j(\tau)) + \tilde{C}\varepsilon.\end{aligned} \tag{B.1.16}$$

由于度量 $g(t)$ 是光滑变化的, 且每个 γ^j 的能量一致有界, 所以 $\operatorname{Area}_{g(\tau+h)}(\gamma_s^j(\tau))$ 是 h 的光滑函数且在 $h = 0$ 附近有一致的 C^2 界 (即与 j 和 s 无关的界). 由 $\operatorname{Area}_{g(t)}(\gamma_s^j(\tau))$ 的 Taylor 展开式

$$\operatorname{Area}_{g(\tau+h)}(\gamma_s^j(\tau)) - \operatorname{Area}_{g(\tau)}(\gamma_s^j(\tau)) = \frac{d}{dt}\Big|_{t=\tau} \operatorname{Area}_{g(t)}(\gamma_s^j(\tau))h + R_1,$$

其中 R_1 是一阶余项, 由于 $\operatorname{Area}_{g(\tau+h)}(\gamma_s^j(\tau))$ 有一致的 C^2 界, 所以 R_1 也有一致的界, 故由上式存在 $\bar{h} > 0$ 满足 (B.1.15). 当 $\operatorname{Area}_{g(\tau)}(\gamma_s^j(\tau)) \leqslant W(g) - \delta$

时, 由 $g(t)$ 的连续性, (B.1.15) 自然成立, 此时要适当减小 $\bar{h}$:

$$\operatorname{Area}_{g(\tau+h)}(\gamma_s^j(\tau)) - \max_{s_0} \operatorname{Area}_{g(\tau)}(\gamma_{s_0}^j \tau))$$
$$\leqslant \operatorname{Area}_{g(\tau+h)}(\gamma_s^j(\tau)) - W(g(\tau))$$
$$\leqslant \operatorname{Area}_{g(\tau+h)}(\gamma_s^j(\tau)) - \operatorname{Area}_{g(\tau)}(\gamma_s^j(\tau)) - \delta.$$

令 h 充分小, 使得 $-\delta \leqslant -4\pi h$, 即得 (B.1.15).

下面我们利用 (B.1.15) 来证明 (B.1.3). 由宽度的定义有

$$W(g(\tau+h)) \leqslant \max_{s\in[0,1]} \operatorname{Area}_{g(\tau+h)}(\gamma_s^j(\tau)). \tag{B.1.17}$$

由注 B.1,

$$\operatorname{Area}_{g(\tau)}(\gamma_{s_0}^j(\tau)) \leqslant E_{g(\tau)}(\gamma_{s_0}^j(\tau));$$

由命题 B.1,

$$E_{g(\tau)}(\gamma_{s_0}^j(\tau)) \to W(g(\tau));$$

再由宽度的等价定义有

$$W(g(\tau)) \leqslant \max_{s_0\in[0,1]} \operatorname{Area}_{g(\tau)}(\gamma_{s_0}^j(\tau)),$$

于是得

$$\max_{s_0\in[0,1]} \operatorname{Area}_{g(\tau)}(\gamma_{s_0}^j(\tau)) \to W(g(\tau)). \tag{B.1.18}$$

在 (B.1.15) 式中令 $j \to \infty$ 并考虑到 (B.1.17) 及 (B.1.18) 得

$$\frac{W(g(\tau+h)) - W(g(\tau))}{h} \leqslant -4\pi + \tilde{C}\varepsilon + \frac{3}{4(\tau+C)}W(g(\tau)) + \tilde{C}h. \tag{B.1.19}$$

在上式中, 令 $\varepsilon \to 0$ 得 (B.1.3). □

§B.2　能量减少映射

本节我们介绍一个从 Ω 到自身的保持同伦类的能量减少映射及其主要性质, 这是 Birkhoff 曲线缩短方法的推广. 能量减少映射的构造是一个重复进行替换 (调和替换) 的过程, 下面我们主要讲这种替换及其性质.

命题 B.2. 如果 ζ 是 $B_1 \subset \mathbb{R}^2$ 上的全纯函数, $h \in W_0^{1,2}(B_1)$, 则

$$\int_{B_1} h^2|\zeta|^2 \leqslant 8 \left(\int_{B_1} |\nabla h|^2 \right) \left(\int_{B_1} |\zeta|^2 \right). \tag{B.2.1}$$

我们不能直接用 Sobolev 嵌入定理得到 (B.2.1), 因为 L^2 函数与 $W^{1,2}$ 函数的积属于 L^p $(p<2)$, 但不一定是 $p=2$, 所以要证明这个命题, 我们需要下面的 Wente 引理 (见 [34, 定理 3.1.2]):

引理 B.2. (Wente) 如果 $B_1 \subset \mathbb{R}^2$, $u, v \in W^{1,2}(B_1)$, 则存在 $\phi \in C^0 \cap W_0^{1,2}(B_1)$, $\Delta \phi = \langle (\partial_{x_1} u, \partial_{x_2} u), (-\partial_{x_2} v, \partial_{x_1} v) \rangle$, 使得

$$\|\phi\|_{C^0} + \|\nabla \phi\|_{L^2} \leqslant \|\nabla u\|_{L^2} \|\nabla v\|_{L^2}. \tag{B.2.2}$$

命题 B.2 的证明: 设 f, g 分别是全纯函数 ζ 的实部和虚部, 则

$$\partial_{x_1} f = \partial_{x_2} g, \quad \partial_{x_2} f = -\partial_{x_1} g.$$

因为 B_1 是单连通的, 上式给出 B_1 上的函数 u, v, 满足

$$\nabla u = (g, f), \quad \nabla v = (f, -g),$$

且

$$|\nabla u|^2 = |\nabla v|^2 = \langle (\partial_{x_1} u, \partial_{x_2} u), (-\partial_{x_2} v, \partial_{x_1} v) \rangle = |\zeta|^2.$$

由引理 B.2, 存在 ϕ, 满足 $\Delta \phi = |\zeta|^2$, $\phi|_{\partial B_1} = 0$,

$$\|\phi\|_{C^0} + \|\nabla \phi\|_{L^2} \leqslant \int |\zeta|^2. \tag{B.2.3}$$

对 $\mathrm{div}(h^2\nabla\phi)$ 应用 Stokes 定理并利用 Cauchy-Schwarz 公式得

$$\int h^2|\zeta|^2 = \int h^2\Delta\phi \leqslant \int |\nabla h^2||\nabla\phi| \leqslant 2\|\nabla h\|_{L^2}\left(\int h^2|\nabla\phi|^2\right)^{1/2}. \quad (\text{B.2.4})$$

对 $\mathrm{div}(h^2\phi\nabla\phi)$ 应用 Stokes 定理, 并利用 $\Delta\phi \geqslant 0$ 和 (B.2.4) 得

$$\int h^2|\nabla\phi|^2 \leqslant \int |\phi|(h^2\Delta\phi + |\nabla h^2||\nabla\phi|)$$
$$\leqslant 4\|\phi\|_{C^0}\|\nabla h\|_{L^2}\left(\int h^2|\nabla\phi|^2\right)^{1/2}. \quad (\text{B.2.5})$$

于是

$$\left(\int h^2|\nabla\phi|^2\right)^{1/2} \leqslant 4\|\phi\|_{C^0}\|\nabla h\|_{L^2},$$

将其代入 (B.2.4) 并利用 (B.2.3) 得 (B.2.1). □

命题 B.3. 设 $M \subset \mathbb{R}^N$ 是一个光滑闭的等距嵌入流形, 则存在常数 $\varepsilon_0 > 0$ (与 M 有关), 使得: 如果 $v: B_1 \to M$ 是能量不超过 ε_0 的 $W^{1,2}$ 弱调和映射, 则 v 是光滑的调和映射. 特别地, 对任意 $h \in W_0^{1,2}(B_1)$, 有

$$\int |h^2||\nabla v|^2 \leqslant C\int |\nabla h|^2 \int |\nabla v|^2. \quad (\text{B.2.6})$$

证明: 第一个结果由弱调和函数的正则性定理立得 ([34, 定理 4.1.1]), 下面我们只证明 (B.2.6). 设 $v^*(TM)$ 在 B_1 上有幺正标架, 而且 $v^*(TM)$ 存在有限能量的调和截面 $e_1, e_2, \ldots, e_n$ 构成的幺正标架. 令

$$\alpha^j = \langle \partial_{x_1}v, e_j\rangle - i\langle \partial_{x_2}v, e_j\rangle, \quad j = 1, \ldots, n,$$

则有

$$|\nabla v|^2 = \sum_{j=1}^n |\alpha^j|^2. \quad (\text{B.2.7})$$

利用 $e_1, e_2, \ldots, e_n$ 的调和性可以构造一个 $n \times n$ 矩阵函数 $\beta: B_1 \to GL(n, \mathbb{C})$ (见 [34, pp. 181, 182]), 使得

$$|\beta| \leqslant C, \quad |\beta^{-1}| \leqslant C, \quad \partial_{\bar{z}}(\beta^{-1}\alpha) = 0.$$

特别地, 我们得到全纯函数 $\zeta = (\zeta_1, \ldots, \zeta_n) = \beta^{-1}\alpha$,

$$C^{-2}|\zeta|^2 \leqslant |\alpha|^2 = |\beta\zeta|^2 \leqslant C^2|\zeta|^2. \tag{B.2.8}$$

由命题 B.2 以及 (B.2.7) 和 (B.2.8) 得

$$\begin{aligned}\int |h|^2 |\nabla v|^2 &\leqslant C^2 \int |h|^2 |\zeta|^2 \\ &\leqslant 8C^2 \int |\nabla h|^2 \int |\zeta|^2 \\ &\leqslant 8C^4 \int |\nabla h|^2 \int |\nabla v|^2,\end{aligned} \tag{B.2.9}$$

即得 (B.2.6). $\square$

定理 B.2. 存在常数 $\varepsilon_1 > 0$ (与 M 有关), 使得: 如果 $u, v: B_1 \to M$ 是 $W^{1,2}$ 映射, $u|_{\partial B_1} = v|_{\partial B_1}$, v 是能量不超过 ε_1 的弱调和映射, 则

$$\int_{B_1} |\nabla u|^2 - \int_{B_1} |\nabla v|^2 \geqslant \frac{1}{2} \int_{B_1} |\nabla u - \nabla v|^2. \tag{B.2.10}$$

证明: 由 Stokes 定理和 $u|_{\partial B_1} = v|_{\partial B_1}$ 得

$$\int_{B_1} |\nabla u|^2 - \int_{B_1} |\nabla v|^2 - \int_{B_1} |\nabla (u-v)|^2 = -2\int_{B_1} \langle (u-v), \Delta v \rangle \equiv \Psi. \tag{B.2.11}$$

因为 v 是弱调和映射, 由调和映射方程知 Δv 垂直于 M, 且

$$|\Delta v| \leqslant |\nabla v|^2 \sup_M |A|.$$

又因为

$$|(u-v)^N| \leqslant C|u-v|^2, \tag{B.2.12}$$

其中 $(u-v)^N$ 表示 $u-v$ 在 $v(x) \in M$ 处的法向上的投影. 由上面的事实可知

$$|\Psi| \leqslant C \int_{B_1} |u-v|^2 |\nabla v|^2, \tag{B.2.13}$$

其中 C 与 $\sup_M |A|$ 有关. 取 $\varepsilon_1 < \varepsilon_0$, 由命题 B.3 得

$$\int_{B_1} |u-v|^2 |\nabla v|^2 \leqslant C \int_{B_1} |\nabla |u-v||^2 \int_{B_1} |\nabla v|^2$$
$$\leqslant C\varepsilon_1 \int_{B_1} |\nabla u - \nabla v|^2. \tag{B.2.14}$$

由 (B.2.11), (B.2.13), (B.2.14) 得 (B.2.10). □

由定理 B.2 可得小能量调和映射的 Dirichlet 问题的解的唯一性, 即

推论 B.2. 设 $\varepsilon_1 > 0$ 同定理 B.2, 如果 u_1 和 u_2 是 B_1 到 M 的能量不超过 ε_1 的 $W^{1,2}$ 弱调和映射, 且 $u_1|_{\partial B_1} = u_2|_{\partial B_1}$, 则 $u_1 = u_2$.

给定映射 u, 映射 $H(u)$ 为: 在某个球邻域外面 (包括边界) 与 u 重合, 在这个球邻域内部为能量极小映射. 用 $H(u)$ 来替换 u 的过程称为**调和替换**, 调和替换很有用的原因是因为小能量映射的能量函数是严格凸的. 定理 B.2 给出了具有相同边界的调和映射和 $W^{1,2}$ 映射的能量空隙的下界. 调和替换作为 $C^0(\overline{B_1}) \cap W^{1,2}(B_1)$ 到自身的映射, 其限制到小能量映射上是连续的 ($C^0(\overline{B_1}) \cap W^{1,2}(B_1)$ 上的范数是上确界范数和 $W^{1,2}$ 范数的和), 即

推论 B.3. 设 $\varepsilon_1 > 0$ 同定理 B.2, 令

$$\mathscr{M} = \{u \in C^0(\overline{B_1}, M) \cap W^{1,2}(B_1, M) \mid E(u) \leqslant \varepsilon_1\}.$$

给定 $u \in \mathscr{M}$, 在 $\mathscr{M}$ 中存在唯一的能量极小的映射 ω 且 $\omega|_{\partial B_1} = u|_{\partial B_1}$. 进一步, 存在与 M 有关的 C, 使得: 若 $u_1, u_2 \in \mathscr{M}$, ω_1, ω_2 是对应的能量极小的映射, $E = E(u_1) + E(u_2)$, 则

$$|E(\omega_1) - E(\omega_2)| \leqslant C\|u_1 - u_2\|_{C^0(\overline{B_1})} E + C\|\nabla u_1 - \nabla u_2\|_{L^2(B_1)} E^{1/2}. \tag{B.2.15}$$

于是, 从 u 到 ω 的映射是 $C^0(\overline{B_1}) \cap W^{1,2}(B_1)$ 到自身的连续映射.

注 B.2. 用推论 B.3 可以证明: 当同伦类是非平凡的时, 其宽度是正的, 或等价地, 当 $\max_t E(\sigma(\cdot, t))$ 充分小时, σ 是同伦平凡的. 事实上, 由于映射 $t \mapsto \sigma(\cdot, t)$ 是从 $[0,1]$ 到 C^0 的连续映射, 选取 $r > 0$, 使得对任意 t, $\sigma(\cdot, t)$ 将

球 $B_r(p) \subset S^2$ 映到 M 中凸的测地球 B^t, 如果 $\sigma(\cdot,t)$ 的能量小于 $\varepsilon_1 > 0$ (ε_1 同推论 B.3), 在 $B_r(p)$ 外, 用具有相同边界的能量极小映射来替换 $\sigma(\cdot,t)$, 得到同伦括去 (sweepout) $\tilde{\sigma}$. 由极大原理, $\tilde{\sigma}(\cdot,t)$ 的像包含在凸球 B^t 中, 于是可以用测地同伦将 $\tilde{\sigma}(\cdot,t)$ 收缩到 $\sigma(p,t)$, 即 $\tilde{\sigma}$ 是同伦平凡的.

给定 $C^0 \cap W^{1,2}$ 映射 $u\colon S^2 \to M$, 令 $\mathscr{B}$ 是 S^2 中有限个不相交的闭球集, u 在 $\cup_{\mathscr{B}} B$ 上的能量不超过 $\varepsilon_1/3$, 令映射 $H(u,\mathscr{B})\colon S^2 \to M$ 在 $S^2 \setminus \cup_{\mathscr{B}} B$ 上与 u 相同, 在 $\cup_{\mathscr{B}} B$ 上为边界与 u 相同的能量极小映射, 简记 $H(u,\mathscr{B}_1,\mathscr{B}_2) = H(H(u,\mathscr{B}_1),\mathscr{B}_2)$, $\alpha\mathscr{B}$ ($\alpha \in (0,1]$) 表示将 $\mathscr{B}$ 中的每个球半径用因子 α 去收缩后得到的收缩球的集合.

引理 B.3. ([21, 引理 3.8]) 存在 (依赖于 M 的) 常数 $\kappa > 0$, 使得如果 $u \in C^0 \cap W^{1,2}\colon S^2 \to M$, $\mathscr{B}_1, \mathscr{B}_2$ 是两个由 S^2 中有限个不相交的闭球构成的集合, 且 u 在 $\cup_{\mathscr{B}_i} B$ 上的能量不超过 $\varepsilon_1/3$, 则

$$E(u) - E(H(u,\mathscr{B}_1,\mathscr{B}_2)) \geqslant \kappa \Big(E(u) - E\Big[H\Big(u,\frac{1}{2}\mathscr{B}_2\Big)\Big]\Big)^2. \quad \text{(B.2.16)}$$

而且, 对任意 $\mu \in [1/8, 1/2]$, 有

$$\frac{(E(u) - E(H(u,\mathscr{B}_1)))^{1/2}}{\kappa} + E(u) - E(H(u,2\mu\mathscr{B}_2))$$
$$\geqslant E(H(u,\mathscr{B}_1)) - E(H(u,\mathscr{B}_1,\mu\mathscr{B}_2)). \quad \text{(B.2.17)}$$

给定 $\sigma \in \Omega$ 和 $\varepsilon \in (0, \varepsilon_1]$, 令

$$e_{\sigma,\varepsilon}(t) = \sup_{\mathscr{B}} \Big\{ E(\sigma(\cdot,t)) - E\Big(H\Big(\sigma(\cdot,t), \frac{1}{2}\mathscr{B}\Big)\Big) \Big\},$$

上式是对满足 $\sigma(\cdot,t)$ 在 $\mathscr{B}$ 上的全能量不超过 ε 的所有有限闭球集 $\mathscr{B}$ 求上确界. $e_{\sigma,\varepsilon}(t)$ 是非负的, 且关于 ε 单调不减, 如果 $\sigma(\cdot,t)$ 不是调和的, 则 $e_{\sigma,\varepsilon}(t) > 0$.

引理 B.4. 如果 $\sigma(\cdot,t)$ 不是调和的, $\varepsilon \in (0, \varepsilon_1]$, 则存在开区间 I^t ($\ni t$), 使得 $\forall s \in 2I^t$, 有

$$e_{\sigma,\varepsilon/2}(s) \leqslant 2e_{\sigma,\varepsilon}(t).$$

证明: 由推论 B.3 中的 (B.2.15), 存在 $\delta_1 = \delta_1(t) > 0$, 使得如果

$$\|\sigma(\cdot, t) - \sigma(\cdot, s)\|_{C^0 \cap W^{1,2}} < \delta_1, \tag{B.2.18}$$

且在 $\mathscr{B}$ 上, $E(\sigma(\cdot, t)) \leqslant \varepsilon_1$, $E(\sigma(\cdot, s)) \leqslant \varepsilon_1$, 则

$$\left| E\left(H\left(\sigma(\cdot, s), \frac{1}{2}\mathscr{B}\right)\right) - E\left(H\left(\sigma(\cdot, t), \frac{1}{2}\mathscr{B}\right)\right) \right| \leqslant \frac{1}{2} e_{\sigma, \varepsilon}(t). \tag{B.2.19}$$

这里利用了 $e_{\sigma, \varepsilon}(t) > 0$ (因为 $\sigma(\cdot, t)$ 不是调和的). 由于映射 $t \mapsto \sigma(\cdot, t)$ 是连续的, 我们可以选取 I^t, 使得 $\forall s \in 2I^t$, (B.2.18) 成立且

$$\frac{1}{2} \int_{S^2} \left| |\nabla \sigma(\cdot, t)|^2 - |\nabla \sigma(\cdot, s)|^2 \right| \leqslant \min\left\{ \frac{\varepsilon}{2}, \frac{e_{\sigma, \varepsilon}(t)}{2} \right\}. \tag{B.2.20}$$

若 $s \in 2I^t$ 且在 $\mathscr{B}$ 上有 $E(\sigma(\cdot, s)) \leqslant \varepsilon/2$, 则由 (B.2.20) 可得, 在 $\mathscr{B}$ 上, $E(\sigma(\cdot, t)) \leqslant \varepsilon$. 由 (B.2.19) 和 (B.2.20) 得

$$\left| E(\sigma(\cdot, s)) - E\left(H\left(\sigma(\cdot, s), \frac{1}{2}\mathscr{B}\right)\right) \right.$$
$$\left. - E(\sigma(\cdot, t)) + E\left(H\left(\sigma(\cdot, t), \frac{1}{2}\mathscr{B}\right)\right) \right| \leqslant e_{\sigma, \varepsilon}(t).$$

由于上面的讨论适用于任意满足条件的 $\mathscr{B}$, 于是得 $e_{\sigma, \varepsilon/2}(s) \leqslant 2 e_{\sigma, \varepsilon}(t)$. □

引理 B.5. ([21, 引理 3.24]) 如果 $W > 0$, $\tilde{\gamma} \in \Omega$ 没有非常数的调和切片, 则存在整数 m (依赖于 $\tilde{\gamma}$) 以及 m 个 S^2 中球集 $\mathscr{B}_1, \ldots, \mathscr{B}_m$ (每个 $\mathscr{B}_j$ 中球是互不相交的) 和连续函数 $r_1, \ldots, r_m : [0, 1] \to [0, 1]$, 使得对任意 t 有

(1) $\{r_j\}$ 中至多有两个是正的, 且对任意 j 成立

$$\sum_{B \in \mathscr{B}_j} \frac{1}{2} \int_{r_j(t) B} |\nabla \tilde{\gamma}(\cdot, t)|^2 < \frac{\varepsilon_1}{3}.$$

(2) 如果 $E(\tilde{\gamma}(\cdot, t)) \geqslant W/2$, 则存在 $j(t)$, 使得在 $(r_j(t)/2) \mathscr{B}_{j(t)}$ 上的调和替换至多减少能量 $e_{\tilde{\gamma}, \varepsilon_1/8}(t)/8$.

证明: 由于切片的能量函数关于 t 是连续的, 所以 $I = \{t \mid E(\tilde{\gamma}(\cdot, t)) \geqslant W/2\}$ 是紧的. $\forall t \in I$, 取 S^2 中不相交的有限个闭球的集合 $\mathscr{B}^t$, 满足

$$\frac{1}{2} \int_{\cup \mathscr{B}^t} |\nabla \tilde{\gamma}(\cdot, t)|^2 \leqslant \frac{\varepsilon_1}{4}.$$

于是

$$E(\gamma(\cdot,t)) - E\Big(H\Big(\gamma(\cdot,t),\tfrac{1}{2}\mathscr{B}^t\Big)\Big) \geqslant \tfrac{1}{2} e_{\tilde{\gamma},\varepsilon_1/4}(t) > 0. \quad (\text{B.2.21})$$

由引理 B.4, 存在开区间 $I^t (\ni t)$, 使得 $\forall\, s \in 2I^t$, 有

$$e_{\tilde{\gamma},\varepsilon_1/8}(s) \leqslant 2 e_{\tilde{\gamma},\varepsilon_1/4}(t). \quad (\text{B.2.22})$$

因为 $\tilde{\gamma}(\cdot,s)$ 在 $C^0 \cap W^{1,2}$ 中是连续的, 由推论 B.3, 我们可以收缩 I^t, 使得在 $\mathscr{B}^t$ 上, 有 $E(\tilde{\gamma}(\cdot,s)) \leqslant \varepsilon_1/3$ ($\forall\, s \in 2I^t$), 而且

$$\Big| E(\gamma(\cdot,s)) - E\Big(H\Big(\gamma(\cdot,s),\tfrac{1}{2}\mathscr{B}^t\Big)\Big) \\ - E(\gamma(\cdot,t)) + E\Big(H\Big(\gamma(\cdot,t),\tfrac{1}{2}\mathscr{B}^t\Big)\Big) \Big| \leqslant \tfrac{1}{4} e_{\tilde{\gamma},\varepsilon_1/4}(t). \quad (\text{B.2.23})$$

由于 I 是紧的, 取其有限覆盖 $I^{t_1},\ldots,I^{t_m}$, 满足:

- $\forall\, t$, 存在 t_j, 使得 $t_j \in \overline{I}^{t_j}$;
- $\forall\, I^{t_j}$, $\overline{I}^{t_j}$ 最多与另外两个不同的 $\overline{I}^{t_k}$ 相交, 而且这些交集互不相交.

$\forall\, j = 1,\ldots,m$, 取连续函数 $r_j\colon [0,1] \to [0,1]$, 使得

- $r_j = 1$, $t \in \overline{I}^{t_j}$; $r_j = 0$, $t \notin 2\overline{I}^{t_j}$;
- $r_j = 0$, $t \in I^{t_k}$ 且 $I^{t_k} \cap \overline{I}^{t_j} = \emptyset$.

于是立得 (1), 由 (B.2.21)–(B.2.23) 得 (2). □

定理 B.3. 存在依赖于 M 的常数 $\varepsilon_0 > 0$ 和连续函数 $\Psi\colon [0,\infty) \to [0,\infty)$, $\Psi(0) = 0$, 使得对任意没有非常数调和切片的 $\tilde{\gamma} \in \Omega$ 和 $W > 0$, 存在 $\gamma \in \Omega_{\tilde{\gamma}}$, 使得对任意 $t > 0$, $E(\gamma(\cdot,t)) \leqslant E(\tilde{\gamma}(\cdot,t))$; 且对 $E(\tilde{\gamma}(\cdot,t)) \geqslant W/2$ 的 t, 有

如果 $\mathscr{B}$ 是 S^2 中有限个不相交的闭球集,

$$\int_{\cup_{\mathscr{B}} B} |\nabla \gamma(\cdot,t)|^2 < \varepsilon_0,$$

$v\colon \cup_{\mathscr{B}} \tfrac{1}{8} B \to M$ 是能量极小映射, 且在 $\cup_{\mathscr{B}} \tfrac{1}{8} \partial B$ 上等于 $\gamma(\cdot,t)$, 则

$$\int_{\cup_{\mathscr{B}} \tfrac{1}{8} B} |\nabla \gamma(\cdot,t) - \nabla v|^2 \leqslant \Psi[E(\tilde{\gamma}(\cdot,t)) - E(\gamma(\cdot,t))]. \quad (\text{B.2.24})$$

证明: 设 $\mathscr{B}_1,\ldots,\mathscr{B}_m$ 和连续函数 $r_1,\ldots,r_m\colon [0,1]\to[0,1]$ 同引理 B.5, 下面我们要运用 m 步调和替换来定义 γ, 即令

$$\gamma^0 = \tilde{\gamma},$$
$$\gamma^k(\cdot,t) = H(\gamma^{k-1}(\cdot,t), r_k(t)\mathscr{B}_k), \quad k=1,\ldots,m,$$
$$\gamma = \gamma^m.$$

由引理 B.5 的 (1) 知, 每个能量极小映射替换一个映射, 其能量至多为 $2\varepsilon_1/3 < \varepsilon_1$. 由推论 B.3, γ 关于 t 连续, 连续地收缩无交的闭球, 且在每个闭球上运用调和替换, 得到 $\tilde{\gamma}$ 与 γ 之间的同伦, 所以 $\gamma \in \Omega_{\tilde{\gamma}}$. 对任意 t, $E(\tilde{\gamma}(\cdot,t)) \geqslant W/2$. 利用引理 B.5 的 (2), 存在 $j(t)$, 使得 $\tilde{\gamma}(\cdot,t)$ 在 $\frac{r_j(t)}{2}B_{j(t)}$ 的调和替换至少减少能量 $e_{\tilde{\gamma},\varepsilon_1/8}(t)/8$. 由 (B.2.16) 得

$$E(\tilde{\gamma}(\cdot,t)) - E(\gamma(\cdot,t)) \geqslant \kappa\left(\frac{e_{\tilde{\gamma},\varepsilon_1/8}(t)}{8}\right)^2. \tag{B.2.25}$$

设 $\mathscr{B}$ 是 S^2 中有限个不相交的闭球集, 使得 $\gamma(\cdot,t)$ 在 $\cup_{\mathscr{B}} B$ 上的能量不超过 $\varepsilon_1/12$. 由定理 B.2 可假设 $\gamma^k(\cdot,t)$ 在 $\cup_{\mathscr{B}} B$ 上的能量不超过 $\varepsilon_1/8$ (对任意 k), 于是两次利用 (B.2.17) (分别令 $\mu=1/8$ 和 $\mu=1/4$) 得

$$\begin{aligned}
& E(\gamma(\cdot,t)) - E\Big(H\Big(\gamma(\cdot,t), \tfrac{1}{8}\mathscr{B}\Big)\Big) \\
& \leqslant E(\tilde{\gamma}(\cdot,t)) - E\Big(H\Big(\tilde{\gamma}(\cdot,t), \tfrac{1}{2}\mathscr{B}\Big)\Big) \\
& \quad + \tfrac{2}{\kappa}\left(E(\tilde{\gamma}(\cdot,t)) - E(\gamma(\cdot,t))\right)^{1/2} \\
& \leqslant e_{\tilde{\gamma},\varepsilon_1/8}(t) + \tfrac{2}{\kappa}\left(E(\tilde{\gamma}(\cdot,t))) - E(\gamma(\cdot,t))\right)^{1/2}. \tag{B.2.26}
\end{aligned}$$

由定理 B.2, (B.2.25)和(B.2.26) 得 (B.2.24). □

参考文献

[1] J. L. Barbosa, A. G. Colares, Minimal Surfaces in $\mathbb{R}^3$, Springer Lecture Notes in Mathematics 1195 (1986).

[2] J. Bernstein and C. Breiner, Helicoid-like minimal disks and uniqueness, arXiv: 0802.1497v1[math.DG].

[3] G. P. Bessa, L. P. Jorge and G. O. Filho, Half-space theorems for minimal surfaces with bounded curvature, J. Diff. Geom. 57 (2001), 493-508.

[4] O. Bonnet, Memorie sur l'emploi d'un nouveau systeme de variables dans l'etude des surfaces courbes, J. Math. Appl. 2 (1860), 153-266.

[5] E. Calabi, Problems in differential geometry (S. Kobayashi and J. Eells, Jr., eds.), Proc. of the United States-Japan Seminar in Differential Geometry, Kyoto, Japan, 1965, Nippon Hyoronsha Co., Ltd., Tokyo (1966), 170.

[6] E. Carberry, K. Fung, D. Glasser, M. Nagle and N. Ordulu, Lecture Notes on Minimal Surfaces, MIT, 2005.

[7] S. S. Chern, The geometry of G-structures, Bull. Amer. Math. Soc. 72 (1966), 167-219.

[8] T. H. Colding and W. P. Minicozzi II, Complete properly embedded minimal

surfaces, Duke Math. J., 107 (2001), 421-426.

[9] T. H. Colding and W. P. Minicozzi II, Multi-valued minimal graphs and properness of disks. International Mathematical Research Notices, 21 (2002), 1111-1127.

[10] T. H. Colding and W. P. Minicozzi II, Disks that are double spiral staircases, Notices Amer. Math. Soc. 50 (2003), 327-339.

[11] T. H. Colding and W. P. Minicozzi II, The space of embedded minimal surfaces of fixed genus in a 3-manifold I; Estimates off the axis for discs, Annals of Math., 160 (2004), 27-68.

[12] T. H. Colding and W. P. Minicozzi II, The space of embedded minimal surfaces of fixed genus in a 3-manifold II; Multi-valued graphs in disks, Annals of Math., 160 (2004), 69-92.

[13] T. H. Colding and W. P. Minicozzi II, The space of embedded minimal surfaces of fixed genus in a 3-manifold III; Planar domains, Annals of Math., 160 (2004), 523-572.

[14] T. H. Colding and W. P. Minicozzi II, The space of embedded minimal surfaces of fixed genus in a 3-manifold IV; Locally simply-connected. Annals of Math., 160 (2004), 573-615.

[15] T. H. Colding and W. P. Minicozzi II, An excursion into geometric analysis, Surveys in Differential Geometry—Eigenvalues of Laplacian and other Geometric Operators, Vol. 9 (A. Grigor'yan and S. T. Yau, eds.), (2004), 83-146.

[16] T. H. Colding and W. P. Minicozzi II, Estimates for the extinction time for the Ricci flow on certain 3-manifolds and a question of Perelman, JAMS, 18 (2005), no. 3, 561-569.

[17] T. H. Colding and W. P. Minicozzi II, The space of embedded minimal surfaces of fixed genus in a 3-manifold V; Fixed genus. arXiv: math.DG/0509647

[18] T. H. Colding and W. P. Minicozzi II, Shapes of embedded minimal surfaces, Proc. Nat. Acad. Sciences, 103 (2006), no. 30, 11106-11111.

[19] T. H. Colding and W. P. Minicozzi II, The Calabi-Yau conjectures for embebdded

surfaces, Annals of Math., 167 (2008), 211-243.

[20] T. H. Colding and W. P. Minicozzi II, Width and mean curvature flow, Geom. and Topo. 12 (2008), 2515-2535.

[21] T. H. Colding and W. P. Minicozzi II, Width and finite extinction time of Ricci flow, Geom. and Topo. 12 (2008), 2537-2586.

[22] P. Collin, R. Kusner, W. H. Meeks III and H. Rosenberg, The topology, geometry and conformal structure of properly embedded minimal surfaces, J. Diff. Geom. 67 (2004), no. 2, 377-393.

[23] U. Dierkes, S. Hildebrandt, A. Kuster and O. Wohlrab, Minimal Surfaces I, II, Springer-Verlag, Berlin, 1992.

[24] R. S. Earp and M. Rosenberg, On values of the Gauss maps of complete minimal surfaces in $\mathbb{R}^3$, Comment. Math. Helv. 63 (1988), 579-586.

[25] H. Federer, Geometric Measure Theory, Springer-Verlag, New York, 1969.

[26] A. T. Fomenko and A. A. Tuzhilin, Elements of the Geometry and Topology of Minimal Surfaces in Three Dimensional Space, Translations of Mathematical Monographs, Vol 93, 1991

[27] F. Fontenele and F. Xavier, A Riemannian Bieberbach estimate, Journal of Differential Geometry, 85 (2010), 1-14.

[28] H. Fujimoto, On the number of exceptional values of the Gauss map of minimal surfaces, J. Math. Soc. Japan, 40 (1988), 235-247.

[29] H. Fujimoto, Modified defect relations for the Gauss map of minimal surfaces, J. Diff. Geom., 29 (1989), 245-262.

[30] H. Fujimoto, Nevanlinna theory and minimal surfaces. Geometry, V, 95–151, 267–272, Encyclopaedia Math. Sci., 90, Springer, Berlin, 1997.

[31] M. Gaffney, A special Stokes theorem for complete Riemannian manifolds, Ann. of Math., 60 (1954), 140-145.

[32] R. Hamilton, The formation of singularities in the Ricci flow, Surveys in Differential Geometry, Vol. II (Cambridge, MA, 1993), 7-136, Int. Press, Cambridge, MA, 1995.

[33] W. Hayman, Meromorphic Functions, Clarendon Press, Oxford, 1964.

[34] F. Hélein, Harmonic Maps, Conservation Laws, and Moving Frames, Cambridge Tracts in Mathematics, 150. Cambridge University Press, Cambridge, 2002.

[35] L. P. M. Jorge, F. Xavier, A complete minimal surface between two parallel planes, Ann. of Math. 112 (1980), 203-206.

[36] L. P. M. Jorge, F. Xavier, An inequality between exterior diameter and the mean curvature of bounded immersions. Math. Z. 178 (1981), 77-82.

[37] P. Koosis, Introduction to H_p Spaces, Cambridge University Press, Cambridge, 1997

[38] B. Lawson, Complete minimal surfaces in S^3, Ann. of Math. 92 (1970), 335-374.

[39] F. J. Lopez and F. Martin, A note on the Gauss map of complete nonorientable minimal surfaces, Pacific J. of Math., 194 (2000), 129-136

[40] F. Lopez, F. Martin, and S. Morales, Adding handles to Nadirashvili's surfaces, J. Diff. Geom. 60 (2002), 155-175.

[41] F. Lopez, F. Martin, and S. Morales, Complete nonorientable minimal surfaces in a ball of $\mathbb{R}^3$, Trans. Amer. Math. Soc. 358 (2006), 3807-3820.

[42] F. Martin and S. Morales, A complete bounded minimal cylinder in $\mathbb{R}^3$, Michigan Math. J. 47 (2000), 499-514.

[43] F. Martin and S. Morales, On the asymptotic behavior of a complete bounded minimal surface in R3, Trans. Amer. Math.Soc. 356 (2004), 3985-3994.

[44] F. Martin and S. Morales, Complete proper minimal surfaces in convex bodies, Duke Math. J. 128 (2005), 559-593.

[45] W. H. Meeks III and J. Pérez, Conformal properties in classical minimal surface theory, in "Surveys of Differential Geometry IX—Eigenvalues of Laplacian and other geometric operators", pp. 275-336, International Press, edited by Alexander Grigor'yan and Shing-Tung Yau, 2004, MR 2195411.

[46] W. H. Meeks III, J. Pérez and A. Ros, The geometry of minimal surfaces of finite genus I; curvature estimates and quasiperiodicity, J. Diff. Geom. 66 (2004), 1-45.

[47] W. H. Meeks III, J. Pérez and A. Ros, The geometry of minimal surfaces of finite

genus II; nonexistence of one limit end examples, Invent. Math. 158 (2004), 323-341.

[48] W. H. Meeks III, J. Pérez and A. Ros, The geometry of minimal surfaces of finite genus III; bounds on the topology and index of classical minimal surfaces, preprint.

[49] W. H. Meeks III and H. Rosenberg, The geometry of periodic minimal surfaces, Comment. Math. Helv., 68 (1993), 538-578.

[50] W. H. Meeks III and H. Rosenberg, The uniqueness of the helicoid. Annals of Math., 161 (2005), 723-754.

[51] M. Miranda, Frontiere minimali con ostacoli, Annali Dell Universita di Ferrara, XVI (1971), 29-37.

[52] X. Mo and R. Osserman, On the Gauss map and total curvature of compete minimal surfaces and an extension of Fujimoto's theorem, J. Diff. Geom. 31 (1990), 343-355.

[53] N. Nadirashvili, Hadamard's and Calabi-Yau's conjectures on negatively curved and minimal surfaces, Invent. Math. 126 (1996), 457-465.

[54] N. Nadirashvili, An application of potential analysis to minimal surfaces, Moscow Math. J. 1 (2001), 601-604, 645.

[55] J. C. C. Nitsche, Lectures on Minimal Surfaces, Volume 1, Introduction, Fundamentals, Geomery and Basic Boundary Value Problems, Cambridge University Press, Cambridge, 1989

[56] S. Nollet, L. Taylor and F. Xavier, Birationality of étale maps via surgery, J. Reine Angew. Math. 627 (2009), 83-95.

[57] S. Nollet and F. Xavier, Global inversion via the Palais-Smale condition, Discrete and continuous dynomical system, 8 (2002), 17-28.

[58] S. Nollet and F. Xavier, Holomorphic injectivity and the Hopf map, GAFA, 14 (2004), 1339-1351.

[59] R. Osserman, Global properties of minimal surfaces in $\mathbb{E}^3$ and $\mathbb{E}^n$, Ann. of Math., 80 (1964), 340-364.

[60] R. Osserman, A Survey of Minimal Surfaces, Van Nostrand-Reinhold, New York, 1969

[61] R. Osserman, A Survey of Minimal Surfaces, Dover Publications, New York, Second Edition, 1986.

[62] G. Perelman, Finite extinction time for the solutions to the Ricci flow on certain three manifolds, arXiv: math.DG/0307245.

[63] M. M. Postnikov, Encyclopaedia of Mathematical Sciences, Vol. 91: Geometry VI, Riemannian Geometry, Springer, 2001

[64] A. Pressley, Elementary Differential Geometry (Second Edition), Springer, Berlin, 2010

[65] L. Rodriguez and H. Rosenberg, Some remarks on complete simply connected minimal surfaces meeting the planes $x_3 =$ constant transversally, J. of Geom. Analysis, 7 (1997), 329-342.

[66] H. Rosenberg, Minimal surfaces of finite type, Bull. Soc. Math. France, 123 (1995), 351-358

[67] W. Rudin, Real and Complex Analysis, Third Edition, McGraw-Hill Book Company.

[68] J. Sacks and K. Uhlenbeck, The existence of minimal immersions of 2-spheres, Ann. of Math. (2) 113 (1981), 1-24.

[69] R. Schoen and S. T. Yau, Lectures on Harmonic Maps, Int. Press, MA, (1997)

[70] B. Smyth and F. Xavier, Injectivity of local diffeomorphism from nearly spectral condition, J. Diff. Equ., 130 (1996), 406-414.

[71] V. A. Toponogov, Differential Geometry of Curves and Surfaces, A Concise Guide, Birkhauser Boston, 2006

[72] A. Weitsman and F. Xavier, Some function theoretic properties of the Gauss map for hyperbolic complete minimal surfaces, Michigan Math. J., 34(1987), 275-283.

[73] F. Xavier, The Gauss map of complete minimal surface cannot omit 7 points of the sphere, Ann. of Math., 113 (1981), 211-214; Erratum: Ann. of Math., 115

(1982), 667

[74] F. Xavier, Convex hulls of complete minimal surfaces, Math. Ann., 269 (1984), 179-182

[75] F. Xavier, On the structure of complete simply connected embedded minimal surfaces, J. of Geom. Analysis 3 (1993), 513-527.

[76] F. Xavier, Injectivity as a transversality phenomenon in geometries of negative curvature, Illinois J. of Math., 43 (1999), 256-263.

[77] F. Xavier, Embedded, simply connected, minimal surfaces with bounded curvature, GAFA 11 (2001), 1344-1356.

[78] F. Xavier, Rigidity of the Identity, Communications in Contemporary Mathematics, 9 (2007), 691-699.

[79] F. Xavier, Using Gauss maps to detect intersections, Enseign. Math., 53 (2007), no. 1-2, 15-31.

[80] F. Xavier, The global inversion problem: a confluence of many mathematical topics, Matematica Contemporanea (a volume dedicated to the 80th birthday of Manfredo do Carmo), vol. 35 (2008), 241-265.

[81] Y. L. Xin, Geometryof Harmonic Maps, Progr. Nonlinear Differential Equations Appl., vol. 23, Birkhauser, 1996.

[82] Y. L. Xin, Minimal Submanifolds and Related Topics, World Scientific Publ., Singapore, 2003.

[83] S. T. Yau, Some function-theoretic properties of complete Riemannian manifold and their applications to geometry, Indiana Univ. Math. J. 25 (1976), 659-670.

[84] S. T. Yau, A general Schwarz lemma for Kahler manifold, Amer. J. Math. 100 (1978), 197-203.

[85] A. Zygmund, Trigonometric Series, Vol. II. Cambridge University Press, London, New York, 1959.

名词索引

Bernstein 定理, 9

Bloch 函数, 42

Calabi 猜想, 45

Caratheodory 定理, 75

Catalan 定理, 9, 100

Catalan 极小曲面, 8

Catalan 曲率, 100

Enneper 曲面, 8, 19

Fatou 定理, 70

Gauss 曲率, 6, 22

Gauss 映射, 4, 11, 20

Hahn-Banach 定理, 45

Henneberg 极小曲面, 8

Jordan 曲线, 75

Laplace 算子, 15

MZS 定理, 81

Poincaré 猜想, 129

Poisson 核, 64

Poisson 积分表示, 64

Poisson 积分的边界行为, 68, 70

Privalov 唯一性定理, 80

Privalov 构造, 77

Riesz 表示定理, 48

Riesz 定理, F. 和 M., 77

Runge 定理, 49

Scherk 曲面, 8

Weierstrass 表示, 19

冰激凌 (ice-cream) 锥, 77

等温坐标, 12

第二基本形式, 22

名词索引

调和共轭, 17, 63

调和共轭的边界行为, 85

调和替换, 138

发散, 25

法曲率, 6, 22

法向量, 4

反射原理, 16

非切向极限, 70

非切向有界, 79

共形坐标, 12

共轭曲面, 20

极小叠片结构, 119

极小曲面, 7

极小曲面方程, 13

极小子流形, 28

渐近方向, 6

渐近曲线, 6, 125

局部 Fatou 定理, 79

局部有界曲率, 120

可定向的, 4

宽度, 130

螺旋面, 8, 19

逆紧, 26

平均曲率, 6

平行曲线, 3

脐点, 6

球极投影, 14

曲率, 1

曲率半径, 2

曲面的法向量, 21

曲面的面积, 5

凸包, 87

完备, 26

唯一性定理, 17

形状算子, 5

悬链面, 7, 19

有界特征函数, 42

有限拓扑, 121

正规函数, 40

正规曲面, 4

主法截面, 6

主方向, 6

主曲率, 6, 22

自伴随, 4

现代数学基础　图书清单

注：书号前缀为 978-7-04-0xxxxx-x

书号	书名	著译者
21717-9	代数和编码（第三版）	万哲先 编著
22174-9	应用偏微分方程讲义	姜礼尚、孔德兴、陈志浩
23597-5	实分析（第二版）	程民德、邓东皋、龙瑞麟 编著
22617-1	高等概率论及其应用	胡迪鹤 著
24307-9	线性代数与矩阵论（第二版）	许以超 编著
24465-6	矩阵论	詹兴致
24461-8	可靠性统计	茆诗松、汤银才、王玲玲 编著
24750-3	泛函分析第二教程（第二版）	夏道行、严绍宗、舒五昌、童裕孙 编著
25317-7	无限维空间上的测度和积分 —— 抽象调和分析（第二版）	夏道行 著
25772-4	奇异摄动问题中的渐近理论	倪明康、林武忠
27261-1	整体微分几何初步（第三版）	沈一兵 编著
26360-2	数论 I —— Fermat 的梦想和类域论	[日] 加藤和也、黑川信重、斋藤毅 著，胥鸣伟、印林生 译
26361-9	数论 II —— 岩泽理论和自守形式	[日] 黑川信重、栗原将人、斋藤毅 著，印林生、胥鸣伟 译
26547-7	微分方程与数学物理问题	[瑞典] 纳伊尔·伊布拉基莫夫 著
27486-8	有限群表示论（第二版）	曹锡华、时俭益
27431-8	实变函数论与泛函分析（上册，第二版修订本）	夏道行、吴卓人、严绍宗、舒五昌 编著
27248-2	实变函数论与泛函分析（下册，第二版修订本）	夏道行、吴卓人、严绍宗、舒五昌 编著
28707-3	现代极限理论及其在随机结构中的应用	苏淳、冯群强、刘杰 著
30448-0	偏微分方程	孔德兴
31069-6	几何与拓扑的概念导引	古志鸣 编著
31611-7	控制论中的矩阵计算	徐树方 著
31698-8	多项式代数	王东明 等编著
31966-8	矩阵计算六讲	徐树方、钱江 著
31958-3	变分学讲义	张恭庆 编著
32281-1	现代极小曲面讲义	[巴西] F. Xavier、潮小李 编著

网上购书： academic.hep.com.cn、www.china-pub.com、www.joyo.com、www.dangdang.com

其他订购办法：
各使用单位可向高等教育出版社读者服务部汇款订购。书款通过邮局汇款或银行转账均可。

购书免邮费，发票随后寄出。

单位地址：北京西城区德外大街 4 号
电　　话：010-58581118/7/6/5/4
传　　真：010-58581113

通过邮局汇款：
地　　址：北京西城区德外大街 4 号
户　　名：高等教育出版社销售部综合业务部

通过银行转账：
户　　名：高等教育出版社
开 户 行：交通银行北京马甸支行
银行账号：110060437018010037603

郑重声明

高等教育出版社依法对本书享有专有出版权。任何未经许可的复制、销售行为均违反《中华人民共和国著作权法》,其行为人将承担相应的民事责任和行政责任;构成犯罪的,将被依法追究刑事责任。为了维护市场秩序,保护读者的合法权益,避免读者误用盗版书造成不良后果,我社将配合行政执法部门和司法机关对违法犯罪的单位和个人进行严厉打击。社会各界人士如发现上述侵权行为,希望及时举报,本社将奖励举报有功人员。

反盗版举报电话 (010)58581897 58582371 58581879
反盗版举报传真 (010)82086060
反盗版举报邮箱 dd@hep.com.cn
通信地址 北京市西城区德外大街4号 高等教育出版社法务部
邮政编码 100120